这份礼物太棒了！帕梅拉·金为儿童及其父母和专业助人工作者写了一本极好且十分实用的著作。书中介绍了大量富有创意且有效的干预措施和出色的案例，展现了临床工作的智慧。特别值得一提的是，她以优势为本，尊重那些经历过创伤的儿童，并挖掘他们的复原力，使他们有能力探寻自己的解决之道，书写自己全新的生命故事。无论你是一名经验丰富的心理治疗师，还是新手治疗师，这本书都将为你的儿童临床工作增添许多乐趣，并提升治疗效果。

马修·D. 塞莱克曼（Matthew D. Selekman）

社会工作硕士，注册临床社工，协作解决之友机构创始人、主任

《发现儿童优势：焦点解决游戏治疗》是一部兼具智慧与思想性的佳作，它整合了焦点解决治疗和游戏治疗，是每个儿童及家庭工作者的必备图书！帕梅拉·金清晰地介绍了各种富有启发性且卓有成效的治疗策略，读者可将其快速地运用在日常工作中。

伊冯娜·多兰（Yvonne Dolan）

焦点解决治疗研究院名誉主任，《超越奇迹：焦点解决短期治疗》作者之一

帕梅拉·金为读者提供了一座极具实用性的实务智慧宝库。她文笔幽默，有着独特的个人风格。书中的许多真实案例都令读者仿佛

身临其境,观看着一位熟练的临床治疗师开展工作。她广泛应用焦点解决和以优势为本的策略,并擅长从儿童自身独特的想象力中发展出创新、有趣的方法。

哈维·拉特纳(Harvey Ratner)

英国短期治疗中心联合创始人,《焦点解决短程治疗:100个关键点与技巧》作者之一

《发现儿童优势:焦点解决游戏治疗》对儿童及家庭的 SFBT 实践具有重要贡献。帕梅拉·金(书中的每一页都彰显着她二十年多年来的治疗经验)创造性地将游戏治疗的原则和技巧与 SFBT 实践结合,详细描述了如何将游戏治疗技术融入建构解决方案的对话,具体阐述了进行 SFBT 会谈的方方面面。这本书涵盖儿童行为、学校和创伤问题等不同的个案情境。我相信读者将深受启发,学习到各种技巧,并将其运用到儿童及家庭的实务工作中。

彼得·德·容(Peter De Jong)

焦点解决治疗师、培训师和顾问,《焦点解决短期治疗:技巧与应用》作者之一,加尔文大学社会学与社会工作系荣休教授

发现儿童优势

焦点解决游戏治疗

[美]帕梅拉·K.金（Pamela K. King）著　沈黎　庄婕　黄嘉璐 译

Tools for Effective
Therapy with Children and Families
A Solution-Focused Approach

宁波出版社

序

在助人领域里,我个人十分敬佩能够持续在同一个领域内辛勤耕耘、积累经验的实务工作者。《发现儿童优势:焦点解决游戏治疗》一书的作者帕梅拉·K.金长期关怀儿童福祉,一直在儿童的世界里发展着各种有创意的互动艺术,希望能帮助更多家庭顺利地走过逆境。我和帕梅拉打过几次交道,我们一同参加了美加焦点解决短期治疗协会年度研讨会中的一些活动。在与人对话时,高挑优雅的她流露着自然的亲和与温暖。她上台演讲时,生动有趣的表达,让人们目不转睛。她让我不禁由衷赞叹,难怪她会是一位深负盛名的焦点解决儿童游戏治疗师及训练师!

本书处处彰显着帕梅拉的为人风格,真是书如其人。本书浅显易懂地呈现了焦点解决短期治疗的重点,同时又有各种实际治疗案例中的感人故事,对其进行具体说明。这让读者在阅读过程中,自然而然地进入焦点解决游戏治疗的世界。在阅毕阖书的那一刻,读者仍会有"余音绕梁"之感。相信本书的读者能时时看见焦点解决取向的发光之处,处处拾起儿童游戏治疗的真挚感动,然后,再华丽转身将种种体会投掷于自身的实务工作,激起助人效应的阵阵涟漪。

辅导儿童与青少年,不可能忽略和家长的合作,也不能低估与学校团队的分工。因为儿童与青少年身处的各个社会系统对他们有着直接且深远的影响。若能与儿童、青少年所属的这些社会系统一起工作，治疗效果将事半功倍。这对儿童与青少年当前的成长与日后的发展来说，更是长远且稳定的支持力量。本书将引领助人工作者启动儿童与青少年社会脉络里的既有资源，让家长与他们的孩子共筑家庭的希望花园，在生活中成为焦点解决的实践者！

许维素

台湾师范大学荣休教授

2024年3月

致　谢

　　谨将此书献给与我共事过的成千上万的儿童与家庭，没有他们就不可能有这本书。

　　早在十五年前我就想写这本书了。在那段时间里，很多人影响了我。在职业生涯之初，我有幸遇到了焦点解决取向的导师和督导。他们让我意识到，即便我只是一个初出茅庐的治疗师，我所做的事情也能帮助到当事人。托拉纳·尼尔森（Thorana Nelson）是我早期的导师之一。她不仅是我的导师，更是我的朋友、同事、旅友，给予我鼓励。感谢你阅读本书的每一章并提供反馈，支持我实现写书的梦想。维克多·尼尔森（Victor Nelson）是我遇到过的最好的上司。连我自己都不相信自己的时候，他却对我深信不疑。谢谢你告诉我，我可以为家庭和治疗领域做出独特的贡献。

　　感谢我的家人们，他们总在我需要的时候鼓励我、支持我。我的母亲吉妮瓦教会我在困境中看到好的一面。我的女儿丽贝卡和希瑟教会我如何为人父母，这是我做过最棒的工作。现在她们都已长大成人，我很高兴能与这两位优秀的女性成为朋友。我的丈夫蒂姆给一个飞蝇钩起了和我一样的外号——激励大师。你在言语和行动上都给予了我支持。特别是在我写这本书的最后几个月里，我已经无暇顾及其他事情，而你却料理好了一切，你是一位如此棒的伴侣和爱的榜样。

无数的朋友和同事都一直鼓励着我，我要向他们表示谢意。特别感谢我现在的同事和办公室的行政人员、焦点解决短期治疗协会（Solution-Focused Brief Therapy Association）的朋友们，以及我的老朋友凯莉（她是我的转录员），感谢你们每一位宝贵的帮助和鼓励。

H. Hello　你好
O. Orientation Toward Solutions　朝向解决之道
P. Past and Present Exceptions　过去与现在的例外
S. Scene 1: Future Play　场景1：未来游戏
C. Create a Scale　创建评量
O. Optimizing Creativity　优化创意
T. Trauma and Abuse Solutions　创伤与虐待的解决之道
C. Collaboration: The Art of Playing Well with Others　合作：与他人愉快共事的艺术
H. Hope for Families　家庭的希望

目录

导论

H	你 好	002
O	朝向解决之道	003
P	过去与现在的例外	003
S	场景1:未来游戏	004
C	创建评量	004
O	优化创意	005
T	创伤与虐待的解决之道	005
C	合作:与他人愉快共事的艺术	006
H	家庭的希望	006

1. 背 景

焦点解决短期治疗的原则与儿童　　009
一起来玩吧　　011

系统性的考量 013
焦点解决游戏治疗 014

2. 你 好
初次会谈 019

3. 朝向解决之道
目标设定：你想要什么？ 036
语 言 045
家庭想要的未来 048

4. 过去与现在的例外
例外与改变 059

5. 场景1：未来游戏
未来游戏 071
情境案例：让孩子自己解决 072
未来游戏的理念 074

6. 创建评量
跳房子游戏的"快乐点" 083
评量工具 097

量表的类型　　　　　　　　　　　104

7. 优化创意
　　儿童与创造力　　　　　　　　　　110

8. 创伤与虐待的解决之道
　　迈向我的未来之路：神经学的路径　135
　　创伤后的应激、成功和成长　　　　137

9. 合作：与他人愉快共事的艺术
　　主要合作者　　　　　　　　　　　160
　　协作工具　　　　　　　　　　　　164

10. 家庭的希望
　　案例：一个具有攻击性又体贴人的男孩的完整治疗
　　　过程　　　　　　　　　　　　　174
　　结束治疗　　　　　　　　　　　　193

译后记　　　　　　　　　　　　　　195

导 论

本书各章节名的英文首字母连起来正好是"HOPSCOTCH",也就是"跳房子"的意思。这一缩写有着特别的意义,因为孩子们对跳房子游戏的热爱是一种创造力,有助于促成美好的治疗性干预。我热衷与孩子一同玩耍,并寻找一种专属于孩子及其家庭的有效治疗方法。

与许多临床治疗师一样,研究生毕业时,我也觉得自己在儿童工作方面缺乏训练。虽然我在系统治疗方面有着扎实的基础,但仍缺少与儿童一起工作的实用方法。经过二十多年的实务工作,我收集、提炼和发展出许多有效的策略,并形成了一个整合取向的焦点解决游戏治疗(Solution-Focused Play Therapy)。临床治疗师都希望能胜任儿童工作,使之有趣又有效。《发现儿童优势:焦点解决游戏治疗》一书提供了具体详尽的方法和策略,使得儿童治疗能够有效。本书整合了焦点解决短期治疗(Solution-Focused Brief Therapy, SFBT)和游戏治疗(Play Therapy, PT),特别适合为学龄儿童及其父母提供服务的临床治疗师。我希望这本书,包括书中的治疗对话记录和详细描述的游戏活动,以及随之发展出来的对解决之道、成功经验和合作目标的讨论,能够对儿童治疗的已有文献有所补充。

治疗刚开始时,很多父母会害怕别人认为他们无能、低效、冷漠、过度控制,或是担心受到任何关于履行父母职责方面的负面评价。与此同时，孩子也可能会感到尴尬或担心，因为自己所有的缺点都会暴露在陌生人面前，这会让自己看起来很愚蠢、幼稚，或是非常差劲。发现父母与子女双方的优势，对他们来说显然是一个全新且充满尊重的转变过程。这让他们知道，在这场艰难的挣扎中，他们其实也做了一些正确的事情。治疗师，作为一个被认为是无所不知的专家，实际上却在告诉他们：你们才是自己和家庭的专家。于是，畏惧开始转变成了希望；优势、资源与能力战胜了问题。

近年来，焦点解决治疗和以优势为本的治疗越来越流行。然而，关于如何使这些策略适用于儿童，并使之发挥效果的资料还很少。

本书旨在进一步探讨如何在治疗过程中尊重并鼓励儿童及其照顾者共同有效参与。本书第一章将介绍焦点解决短期治疗和游戏治疗的基本理论假设，以及如何对它们进行整合。此外，第一章还讨论了父母和儿童参与会谈的基本理念及其他议题。后续的章节包含了许多具体的案例、会谈文字稿和富有创意的干预策略。我们提倡跟随孩子的引领，相信他们无穷的能力，以创造他们对未来的愿景，并向其迈进。

当你在阅读我的会谈文字稿时，希望你可以想象自己在类似的情况下会如何回应。本书的会谈文字稿既包含虚构的案例，也有经过汇编和修改的真实案例。书中的会谈文字稿和插图均获得了当事人的授权，并经过修改以保护当事人的身份信息。我非常感谢在过去二十多年里与我共事过的成千上万个家庭，他们让我受益匪浅。

你 好

我们与当事人的第一次接触一般是通过电话的方式，父母会来电咨询与治疗有关的问题，或者为他们的孩子预约服务。这是我们以治疗师的身份介绍自己，并告知来访家庭他们可以从治疗中获得什么的第一时机。此时，治疗师或工作者应当展现出充满希望的合作姿态。我们应当让家长们意识到自己就是自己家庭的专家，而最有效的方法便是让他们去留意任何预示着事情正在好转的迹象。如此，我们便可以在第一次会谈中探讨这些优势和资源。这种接案过程为治疗奠定了基础，意味着治疗师将对当事人充满尊重，且关注当事人的成功经验。

朝向解决之道

朝向解决之道的取向就是朝向未来的取向。目标设定取决于当事人对未来的期望。有一个特别的策略是，鼓励家长和孩子去讲述他们在生命中想要什么，而不是去讨论他们的问题。"你是如何得知自己已经完成治疗的？当一切进展顺利时，会发生什么？你还会做些什么？谁会注意到？"类似的这些问题能激发当事人详细描述自己想要的未来和解决之道。

解决之道的对话（Solution Talk）就是关于优势、资源、成功经验和未来愿景的谈话。沃拉斯·金格里奇（Wallace Gingerich）和他的同事（Gingerich, de Shazer, & Weiner-Davis, 1987）在进行过程研究时发现，治疗师在第一次会谈中越早谈到解决之道或改变，改变就会发生得越早，治疗的时间也会越短。

过去与现在的例外

聚焦于问题可能发生但没发生的时刻，并且探讨当时究竟发生了什么，是治疗会谈中最令人振奋的事情之一。对那些认为我们只会谈论是非对错的家长和孩子们而言，这会是一种全新的体验。

我的办公室里有一个算盘，我经常用它来和家庭探讨例外。我会邀请每位家庭成员选择一排珠子，每拨动一颗珠子就说一件在他们生活或家庭中进展顺利的事情。某位妈妈也许会说她的儿子在生气时弄坏了家具，摔碎了盘子。这就是一个探索例外的机会——在某些生气的时刻，不知道为什么他的破坏力却降到了最低，或他能够用一种大家可以接受的方式来使用他的力气和能量。总之，问题行为没有出现的时刻或情境都是关键信息。

场景1：未来游戏

解决之道的取向和未来取向可以体现在治疗的方方面面。这一章将介绍和探讨"未来游戏"这一概念。未来游戏是一种治疗性干预，在治疗过程中，当事人把自己想要的未来呈现出来或进行角色扮演。这是一种充满丰富成长可能性的方式，给孩子们清晰而又令他们怦然心动的机会去预演他们的未来。

这种策略就像网球教练让选手展示其完美反手击球时的状态，而不是过多地谈论其糟糕的反手击球。只需一个简单的引导，我们就可以让游戏成为对话的工具，进而引发当事人的预演。"让我们假装这一切已经发生了，可以让我看看当你和哥哥和睦共处时你们在做什么吗？让我们来试着用这些玩具盘子和食物，你能否来演一下，当每个人都享受晚餐、相处愉快时会发生什么？"详细描述理想的未来，以实际行动为基础，并在一个安全的环境中进行演练，这对孩子是一项有着显著赋能效果的策略。

创建评量

评量是SFBT使用最普遍的工具之一，它有助于快速掌握目标细节、评估现状和制定实现目标的下一步行动。询问愿望、梦想和奇迹，以及将游戏穿插于会谈中，都是描绘理想的未来的有效方法。跳房子游戏的完整案例记录就展示了如何把孩子的游戏变成对他们有意义的评量方式。此外，对艺术作品进行评分的干预方式受到许多孩子的喜欢。他们会详细画出自己想要的未来或解决之道（10分），其中包括谁会在场，每个角色会做什么、说什么，从而尽可能地展示解决之道的各个方面。相应地，1分或0分代表相反的情况，即带着问题来寻求治疗时的情形。他们或许会画出量表的另一端。接着，邀请孩子展示他们在量表上的得分，描述是什么样的能力和成功经验让他们得到这个分数，最后再让孩子去想象当分数上升1分的时候会发生什么。

优化创意

SFBT 的其中一个假设是，当事人是他们自己生活的专家。因此，孩子是自己生活的专家，父母是自己家庭的专家。临床治疗师不能仅仅因为自己治疗过"这样的孩子"或解决过"那样的问题"，就认定自己知道什么方法对特定的孩子是有效或有帮助的。解决之道是根据每个孩子独特的生活情境建构而成的。治疗中最具创造力和潜力的时刻，不是治疗师想出了一个好主意，而是他们追随孩子的隐喻，并与之共同创造出一条富有意义的通向未来的道路的时刻。

创伤与虐待的解决之道

创伤对儿童生命的触动，一如它对成人造成的伤害。创伤性事件的经历、事件被赋予的意义、可能有效的治疗方法，以及形成的解决之道，这些必然因人而异。大脑的可塑性或可变性是治疗中需要考虑的重要因素。我们可以通过扩展人们对事件和自身的信念来改变和治愈他们，从而帮助遭受创伤的他们。肯定现有的优势、资源和应对技巧是治疗的重要组成部分。孩子和父母可以利用纸板砖或积木筑起一道关于保障安全的办法、人物和地点的墙。此外，便利贴非常适合在治疗过程中用来做记录，会谈结束以后，孩子和父母可以将便利贴带回家，以记住他们提出的所有好主意。

合作：与他人愉快共事的艺术

协作的首要重点是与孩子的父母、监护人或照顾者进行合作。他们远比治疗师更了解孩子，而且他们通常是最积极和最投入的。即便这看起来似乎不像是真的，但我们有一个重要的基本假设——即使父母缺乏相应的技巧，但他们依旧想要给孩子最好的。

此外，与儿童系统中的重要他人协作，是提供有效治疗的关键。其他影响儿童生活的专业人士可能包括老师、日托照顾者、个案工作者、医务人员、其他治疗师或青少年司法部门的工作人员。除了父母和这些专业人士，孩子还有大家族的亲戚、青年领袖、朋友的父母、幻想的朋友、玩具和宠物，这些资源都可以被挖掘，以取得治疗上的成功。

家庭的希望

"我们怎么知道治疗已经完成了？"从第一通电话和第一次会谈开始，我们就一直在探讨这个问题。当治疗接近尾声，房间里的每个人都会知道，因为我们从一开始就很清楚治疗"结束"时的情形。有时候治疗只是"暂时"结束了，如果家庭将来有需要，我们欢迎他们再次致电。为了追踪成功和进步,巩固收获是每次会谈必不可少的一个步骤。在每次会谈结束时,询问当事人这次会谈哪些地方是有帮助的,有助于治疗师朝着家庭重视的方向前进。"我们今天的会谈是否满足你的期望?你觉得我们今天在一起的时间过得怎么样?今天的会谈对你有什么帮助吗?"最后一次会谈为整个治疗过程画上一个完美的句号。"你认为治疗是否达到了你的期望?当你回顾我们在一起的时光,什么是有帮助的?告诉我,你今天在评量板上有几分。你注意到家庭中的哪些改变是你最满意的?我想和你分享我留意到的成果。"

通过游戏,孩子们学习、成长、解决问题、掌握技能、建立关系,以及单纯享受乐趣。治疗师可以利用游戏来建立治疗关系,洞察优势和能力,并发掘通向解决之道和最佳效果的路径。我衷心希望你能从《发现儿童优势:焦点解决游戏治疗》一书中有所收获,也希望我的方法(实际上是我的当事人的方法)能激发出你的好点子。本着焦点解决的精神,这就是你现在要去做且该做的事。追寻你感兴趣的方向,找出我有所遗漏的地方。如果有一天我们有机会见面,我希望可以和你谈一谈属于你的儿童及家庭工作的有效治疗工具。

【参考文献】

Gingerich, W. J., de Shazer, S., & Weiner-Davis, M. (1987). Constructing change: A research view of interviewing. In E. Lipchick (Ed.) *Interviewing*. Rockville, MD: Aspen.

1. 背 景
Background

相信家庭自知其所需。

　　由史蒂夫·德·沙泽尔（Steve de Shazer）和茵素·金·伯格（Insoo Kim Berg）及其同事在美国密尔沃基市的短期家庭治疗中心（Brief Family Therapy Centre）开创并发展出的焦点解决短期治疗，将当事人视为他们自己生活的专家，相信当事人是解决自身问题的专家。或许我们作为实务工作者知道一些有效的解决办法，但事实上，只有当事人自己能切身体会什么对他们而言是真正有用的，也只有他们自己清楚，当情况有所好转时，他们的生活又将如何。焦点解决短期治疗是一种未来导向的治疗模式，它关注的是那些当下正在发生的、与理想的未来一致的情境。我们假定在这种未来的情境中，问题将不复存在，或者问题以某种方式被转化，使得当事人不再受其困扰（de Shazer, Dolan, Korman, Trepper, McCollum, & Berg, 2007）。焦点解决短期治疗非常适合儿童，因为儿童会自然而然地期待未来，而非停留在过去。他们对奇迹和愿望这类话题很感兴趣，并且乐于关注自己做对了什么，而不是做错了什么（Berg & Steiner, 2003; Selekman, 1997）。此外，在与家庭一起工作的过程中，焦点解决短期治疗能够促进相互合作，促成以当事人为本的目标的共同设定。

焦点解决短期治疗的原则与儿童

目前有许多资料可供我们学习焦点解决短期治疗（Berg & Dolan, 2001; de Shazer, 1985; de Shazer et al., 2007; Ratner, George, & Iveson, 2012）。其中，有些文献描述了焦点解决短期治疗在儿童与家庭方面的应用（e.g., Berg & Steiner, 2003; Ratner & Yusuf, 2015; Selekman, 1997, 2010），也有一些提到了关于儿童的案例（De Jong & Berg, 2013; Lipchik, 2002; Nelson, 2010; Nelson & Thomas, 2007）。

尽管有一些关于焦点解决短期治疗在儿童中运用的专业文献，但其数量仍旧很少。本书旨在整合焦点解决短期治疗、儿童治疗及游戏治疗，以对现有文献加以补充。

在进行这项整合工作之前，让我们透过一个儿童的工作案例，来了解焦点解决短期治疗的基本原则（de Shazer, 1985; de Shazer et al., 2007）。这个家庭是一个重组的六口之家。

如果没坏，就不要修理它

首要一点是相信家庭自知其所需。在与一个重组家庭工作时，他们请我协助缓解孩子之间的冲突。这个六口之家包括父母双方，以及他们各自的两个孩子。据我了解，这位父亲的前妻死于癌症，两个孩子因而失去了母亲。他们没有向我寻求哀伤辅导，对于这一不幸事件给孩子们的行为或福祉带来的影响,我并没有做任何假设。

如果有效,就多去做

据我所知,四个孩子有时候会一起开心地玩耍,甚至互相分享玩具。当我们在探索解决方案的时候,我知道他们已经掌握了与他人和睦相处的技巧。

若无效,就做些不同的事

早上母亲通常要花很多精力叫醒孩子们去上学。她说自己已经厌倦了在楼下叫他们起床。因为无论她在楼下怎么大喊大叫都不管用,她不得不上楼把孩子们从床上拽起来。她很生气,因为每天从一大早开始就不顺利。我邀请她描述理想中的早晨是什么样的。会发生哪些不同呢?

踏实一小步,成就一大步

母亲理想中的早晨是她能够为大家做早餐,而孩子们也很喜欢这个想法,所以家庭成员一起制定了计划,来改变早上的时间安排。他们甚至预测这个计划能改善他们的学习和工作。在之后的一次会谈中,我们制作了一张详细的列表,上面列出他们简单的日常改变促成了哪些积极的连锁效应。妈妈感叹孩子们之间的冲突也变少了!

解决方案并不一定与问题直接相关

购买闹钟,早上7点20分前下楼为孩子们做煎饼、鸡蛋等丰盛的早餐,这些都与孩子们的冲突没有直接关系。

发展解决方案的语言不同于描述问题的语言

在探讨早上的这些改变将带来什么不同时，父母和孩子们都对之后的早晨充满了希望，甚至还感到有些兴奋。相反，对问题的讨论则可能带来负能量、指责和各种难题。

问题不会始终出现，总有例外可以去发现

我了解到当孩子们遇到他们期待的事情时，他们会自己起床并做好准备。最近一个例子是学校的滑雪日。那天早上，孩子们都自觉起床，穿好衣服，准备好滑雪用具，高兴地聊着天。

未来是可以被创造和协商出来的

我们七个人（四个孩子、两位家长、一名治疗师）就这个家庭的未来一起进行了一场热烈且具有合作性的讨论。他们构思出理想中的早晨，并在巨大的白板上用有趣的方式呈现出来。我则在一旁提问，从而引出更多对细节的描述。一周后，我再次与母亲和孩子们进行会谈，他们向我描述了生活中发生的美好改变。我问他们是否知道父亲有没有察觉到不同。妈妈笑着说，他不可能注意不到这些变化。

一起来玩吧

对每一个家庭成员来说，在白板上写写画画都是一种新奇好玩的参与治疗的方式。目前，已经有充分的证据证明游戏的重要性。美国儿科学会（American Academy of Pediatrics）的研究报告称，"游戏对儿童的良好发展至关重要，联合国人权高级委员会（United Nations High Commission for Human Rights）将其视为每个儿童的一项基本权利"

(Ginsburg，2007，p.1）。贫穷、社区暴力、电子产品的过度使用、课间休息时间的减少、体育运动的缺乏、繁忙和高压的生活方式，常常使儿童无法从自主游戏中获益（Elkind，2007；Ginsburg，2007）。理查德·洛夫（Richard Louv）（2008）在《林间最后的小孩：拯救自然缺失症儿童》（*Last Child in the Woods: Saving our Children from Nature Deficit Disorder*）一书中提到，大量的文献资料告诉我们，在大自然里的游戏，尤其是自主探索与自由游戏，对儿童和成人的身心健康和福祉至关重要。

费雷德·罗杰斯（Fred Rogers），亦称罗杰斯先生，教导我们游戏是孩子们学习应对生活和准备长大成人的方式。他指出："人们说起游戏，好像就是从学习中解脱出来，但对孩子而言，游戏就是在认真地学习。"（Moore，2014，n.p.）可见，最受欢迎的教育电视节目名人的观点与儿童发展和游戏的研究成果不谋而合。游戏能让孩子们彼此之间产生正向的感觉，并促进他们社会、认知、生理和人际交往能力的发展。

> 一个小时的游戏比一年的谈话更能让你了解一个人。
>
> ——引自柏拉图

作为治疗工具的游戏

在治疗中运用游戏，正如运用对话一样，都是跨理论的。游戏如同对话，是一种重要的沟通工具。

游戏治疗是指系统地运用理论模型来建构人际互动过程。在这个过程中，训练有素的游戏治疗师利用游戏的疗愈力量来帮助当事人预防或解决心理问题，促进其良好的成长与发展。（Association for Play Therapy Board）

当我在高中的心理学课上读到《迪布斯寻找自我》(*Dibs in Search of Self*)(Axline, 1964)这本书时,便立刻被游戏治疗吸引。那时我便许下一个心愿,希望以后能够为那些感到悲伤、孤独或恐惧的孩子们做些什么。硕士毕业后,我开始参加有关游戏疗法的会议,我惊讶地回想起这本书的作者,也就是书中主人公迪布斯的治疗师弗吉尼娅·阿克斯林(Virginia Axline),实际上她就是非指导性游戏治疗(亦称儿童中心游戏治疗)的先驱之一。

非指导性游戏治疗基于这样一种假设——孩子们有能力解决自己的问题。治疗师接纳当事人并以当事人为中心展开治疗,并完全跟随他们的引领(Axline, 1947)。相反,在指导性游戏治疗中,治疗师在游戏中更多地扮演主导的角色——建构游戏环节,解释游戏主题,以及引导孩子朝治疗师认为最有用的方向发展。有一些游戏治疗师会对指导性与非指导性治疗进行严格区分。但如同埃利安娜·吉尔(Eliana Gil)(1994)的观点,我认为这两种取向可以成功地整合在一起。通过协作的方式,孩子、父母和治疗师可以共同构建治疗的对话。

系统性的考量

系统理论(von Bertalanffy, 1968)关注家庭成员对彼此的相互影响。如此,我们便从"个别病人"的模式转向在问题产生的系统中去探索问题和解决方案。焦点解决短期治疗"和家庭治疗在互动和系统的观点上大致相同"(Berg, 1994, p. 9)。家庭游戏治疗是游戏疗法和家庭系统的结合。很多时候,家庭治疗既过于期待儿童能参与到成人的谈话中来,又会因为儿童尚未发展成熟、无法融入成人的对话,而导致他们的存在被忽略。相反,家庭游戏治疗师会"主动进入,并引导父母一同进入孩子的世界"(Gil, 1994, p. 37)。

只与孩子打交道的游戏治疗师会无意间把父母给边缘化，并削弱他们作为自己家庭的专家和领导者的地位。但其实父母在治疗中发挥着重要作用，他们是孩子的宝贵资源。当然，有些时候让父母参与治疗是不可行、不安全，甚至不合法的。有些时候家庭治疗也会在孩子不在场的情况下进行。在决定哪些家庭成员参与家庭治疗时，我们要充分考虑每个家庭的需要、实际情况、对治疗的期望以及治疗师的临床判断等。在安全可行的情况下，邀请父母和孩子一起进行会谈，所产生的益处和创造力会远超你的想象。

在《婚姻与家庭治疗期刊》（*Journal of Marriage and Family Therapy*）最近发表的一篇文章中，我的朋友兼同事安伯·威利斯（Amber Willis）报告了她对家庭游戏治疗进行观察研究的成果。在控制其他变量的情况下，儿童参与游戏活动的时间是他们在会谈中说话时间的一个重要预测指标。当孩子参与游戏活动时，他们可能会更轻松自在，所以也就更加健谈。在家庭游戏治疗中，透过儿童的大量的参与，能够改善儿童和治疗师的合作质量，同时也使得儿童有更多积极的情感体验（Willis, Walters, & Crane, 2014）。

焦点解决游戏治疗

焦点解决游戏治疗将游戏和玩具作为对话的工具，这不仅可以提高当事人的参与度，还可以帮助构思理想中的未来生活，使他们朝目标前进。将焦点解决短期治疗、游戏治疗和家庭治疗整合在一起，有助于加强人与人之间的关系，让每个人都能在建构解决之道的过程中发声，通过共同协作，厘清目标达成和治疗结束后会发生些什么。"治疗师的任务是将儿童的优势、天赋和能力更清晰地呈现在儿童及参与治疗的成人面前。"（Berg & Steiner, 2003, p. 5）

玩具选择

不同于传统形式的将玩具视作象征性工具的游戏治疗，在焦点解决游戏治疗中，玩具是对话的工具。作为一名治疗师，我不会推断孩子所选玩具的含义。与其猜测孩子的选择有什么意义，我们还不如进行简单的提问。"告诉我你在白板上写了什么。你想保留什么东西或想法？你有什么想要擦掉的吗？当情况好转时，你还会在这儿写些什么？如果你爸爸写下了他对你的夸赞，他会写些什么？"反思和澄清有助于重温孩子的故事，肯定其价值，并协助他们建构解决方案。一般而言，玩具不应该有被指定的身份。我会避免从电影、动画和童话中挑选角色。我更喜欢那些可以让孩子有不同解读的玩具。动物、人物、汽车、收银机、玩具钱币、积木、梯子和美术用品都是不错的选择。孩子常习惯使用不同的物件来学习数学或其他学科。在一道手算数学题中，孩子可以数出四个苹果和三个橘子，以及他们一共有多少个水果。数数玩具就非常适合用来进行评量式对话，比如串珠、弹珠、计数算盘和跳棋等。我们将在后续的章节里来具体讨论这些玩具及干预方法。

增进自我认识的玩具

» 一起建一座塔，每添加一块积木，就告诉大家一件关于你的事情。

» 把珠子串起来，每串一颗珠子就告诉大家一件关于你的事情。

» 父母、孩子和治疗师轮流谈谈自己的兴趣、年龄、宠物、爱好和他们喜欢每位家庭成员的哪些地方（孩子可以谈谈自己的年级）。对于这个活动，治疗师可以做出不同方式的调整，以便收集所需要的信息。

讲述故事的玩具

» 你可以使用玩偶来描述自己对未来的美好展望。

» 画出你的家人，告诉大家你喜欢每位家庭成员的哪些地方（也就是他们是如何帮助你的）。

将办公用品作为对话工具

» 纸胶带适合用来书写和确定数量。

» 复印机可用于缩小或放大物品。

» 碎纸机可以处理掉不想要的东西。

» 便签条和标签贴可用于突出重要的想法。

我多年来与家庭共事的经验告诉我，体验式活动常常会为治疗会谈带来更具启发性的对话。一部分原因可能是我的个性，我倾向于体验式学习和游戏，但研究似乎也确实支撑了我的观点。希望本章内容能阐明整合游戏和焦点解决短期治疗的缘由，并激发你的兴趣和创造力。在接下来九个章节里，我们用"HOPSCOTCH"（跳房子）这个词把九个章节串联起来。当你读到第六章时，你就会发现孩子们的跳房子游戏确实是一个非常不错的治疗工具。请享受阅读吧！

【参考文献】

Association for Play Therapy Board（n.d.）. Retrieved from www.a4pt.org/?page=aboutapt.

Axline, V.（1964）. *Dibs in search of self*. New York: Ballantine Books.

Axline, V. (1947). *Play therapy*. New York: Ballantine Books.

Berg, I. K. (1994). *Family based services: A solution-focused approach*. New York: Norton.

Berg, I. K. & Dolan, Y. (2001). *Tales of solutions: A collection of hope-inspiring stories*. New York: Norton.

Berg, I. K. & Steiner, T. (2003). *Children's solution work*. New York: Norton.

De Jong, P. & Berg, I. K. (2013). *Interviewing for solutions*. 4th ed. Belmont, CA: Brooks Cole.

de Shazer, S. (1985). *Keys to solution in brief therapy*. New York: Norton.

de Shazer, S., Dolan, Y., Korman, H., Trepper, T., McCollum, E., & Berg, I. K. (2007). *More than miracles: The state of the art of solution focused brief therapy*. New York: Routledge.

Elkind, D. (2007). *The power of play*. Philadelphia: Da Capo Press.

Gil, E. (1994). *Play in family therapy*. New York: Guilford Press.

Ginsburg, K. R. (2007). The importance of play in promoting healthy child development and maintaining strong parent-child bonds. *American Academy of Pediatrics*. 119:1. Retrieved from http://pediatrics.aappublications.org/content/119/1/182.

Lipchik, E. (2002). *Beyond technique in solution-focused therapy*. New York: Guilford Press.

Louv, R. (2008). *Last child in the woods: Saving our children from nature deficit disorder*. Chapel Hill, NC: Algonquin Books.

Moore, H. (2014). Why play is the work of childhood. Retrieved from: www.fredrogerscenter.org/2014/09/23/why-play-is-the-work-of-childhood.

Nelson, T. & Thomas, F. (Eds.)(2007). *Handbook of solution-focused brief therapy: clinical applications*. New York: Routledge.

Nelson, T. (Ed.)(2010). *Doing something different: Solution-focused brief therapy practices*. New York: Routledge.

Plato (n.d.). Retrieved from: www.brainyquote.com/quotes/quotes/p/plato166176.html.

Ratner, H., George, E. & Iveson, C. (2012). *Solution focused brief therapy: 100 key points and techniques*. New York: Routledge.

Ratner, H. & Yusuf, D. (2015). *Brief coaching with children and young people: A solution focused approach*. New York: Routledge.

Selekman, M. D. (1997). *Solution-focused therapy with children: Harnessing family strengths for systemic change*. New York: Guilford Press.

Selekman, M. D. (2010). *Collaborative brief therapy with children*. New York: Guilford Press.

von Bertalanffy, L. (1968). *General system theory: Foundations, development, applications*. New York: Norton.

Willis, A. B., Walters, L. H., & Crane, D. R. (2014). Assessing play-based activities, child talk, and single session outcome in family therapy with young children. *Journal of Marital and Family Therapy*. 40:3, 287–301.

2. 你 好
Hello

跟我谈谈你的家庭状况吧。
有什么好事发生吗?

初次会谈

第一次电话联络

我们与当事人的第一次接触一般是通过电话,父母来电咨询与治疗有关的问题或者为他们的孩子预约服务。这是你以治疗师身份介绍自己,并且告知来访家庭预期治疗效果的首个时机。这时候,治疗师或工作者可以展现出充满希望与合作性的姿态。在第一次通话中,我们就应当确立父母作为专家在治疗过程中的主导地位。为此,我们可以采用的一种方法是尊重他们关于邀请谁来参加第一次治疗会谈的意见。

父　亲　你希望谁能来参加第一次会谈？我不知道能不能带年长些的孩子过来。

治疗师　第一次会谈可以以各种不同的方式进行。我会了解你和你的家庭，你们的优势和能力，以及你们对治疗的期待。我相信父母就是自己家庭的专家，是治疗的重要组成部分。你比我更了解你的孩子。话虽如此，有些家长还是希望第一次会谈可以在孩子不在场的情况下进行；另一些则希望全家人都能参与进来，然后决定接下来该怎么做。有时候，快进入青春期的孩子和青少年希望有些会谈父母们可以不参与。当然，工作、学校日程和其他事务也是重要的考虑因素。鉴于此，你想怎么开始呢？

父　亲　噢，好的，总算松了口气。我会和妻子谈谈。我们至少带两个年幼的孩子来，再看看年长的孩子怎么样。这样可以吗？

治疗师　太好了。无论谁来参加会谈都是合适的。我相信你的决定。

治疗前的观察

另外还有一种方法能让父母们意识到他们就是自己家庭的专家，这个方法就是让他们留意任何预示着事情正在好转的迹象。如此，我们就可以在第一次会谈中探讨相关的优势和资源。

治疗师　从现在到我们第一次会谈的这段时间里，我希望你能留意任何预示事情往好的方向发展的迹象，留意你和孩子们做的任何对情况有帮助的小事，即便是一点点。

父／母　（笑）噢，我还以为要谈论我们之间有多糟糕。

治疗师　（笑）我想你已经有很多想法和优势了，这些会对我们很有帮助。

一位积极乐观的治疗师会相信她的当事人(孩子和父母)有能力对治疗结果产生重大影响。对改变充满希望是焦点解决治疗的关键要素(de Shazer, 1985; Selekman, 1997)。以建构解决之道为导向的接案过程为治疗设定了这样一种基调,即治疗会热衷于拓展当事人现有的资源,关注当事人过往的成功经验和未来成就,而治疗师尊重当事人并会与当事人合作。

» 从现在到我们第一次会谈的这段时间里,请你留意任何预示着情况有所好转的迹象。
» 从现在到我们后面要见面的这段时间里,我想让你选出一件你希望在家里会继续发生的事情(de Shazer, 1985)。
» 在我们第一次会谈时,我会问你们每个人发生了什么好的事情,以及你们喜欢自己家庭的哪些方面,所以请你们留意这些事情。
» 留意你身上已有的优势和资源,这会对你找到解决方案有所帮助。
» 询问你的孩子什么对他们是有帮助的,哪怕只有一点点。
» 与你的配偶、老师或亲戚讨论上述的这些问题。

第一次会谈

> 今天我们在一起的这段时间,我想认识你,了解你的长处。我想知道我怎么做对你才是最有帮助的,以及我应该如何善用你的时间。

第一次会谈的任务通常如下：

» 创造一个安全舒适的空间。
» 认识来访者/家庭。
» 探索他们的能力、优势和资源。
» 了解每位家庭成员对治疗的最大期待。
» 充分利用会谈前的改变和例外（当问题没有发生的时候）。
» 使用奇迹问句（Miracle Question）或其他未来导向的提问，引导他们具体描述想要的未来生活，以及这样的生活对他们自己和他人而言有什么不同。
» 明确他们想要达成的目标，确定他们目前与该目标之间的差距，这些通常使用评量的方法来实现。

安全舒适的空间

回想一下你经常去的办公室或商店。那里有什么让你感觉舒适？你为什么经常光顾同一家汽车经销店？你会如何选择一家新的牙医诊所或一所幼儿园？在家长会上，什么情况会让你相信老师真正了解和尊重你的孩子？我们都去过一些让我们感觉自己不受欢迎的地方。我也遇到过一些我不会推荐给朋友的修理工。当我的孩子读高中时，我能看出老师和我的孩子之间是否有良好的关系，又或者老师是否只把孩子当成花名册上的一员。这些线索可以帮助你做出明智的决策以决定光顾哪家。同样的，有一些线索能让我们的当事人在治疗过程中感到自己是受欢迎和被尊重的。在表 2.1 中我列举了在为家庭创造友好环境时需要考虑的事情。当然这只是我的清单，面对不同的办公环境和当事人，你的清单也可能有所不同。

表 2.1　对当事人表示欢迎

初次接触	・最新且准确的网站信息、电话信息、宣传单和广告。 ・及时回复消息和咨询。 ・电话沟通时保持礼貌、友善和尊重,传递当事人就是专家的信念。
前往会谈	・明确的路线指引。 ・清晰的标志。 ・停车场干净卫生,车位充足。 ・安全的出入口,适时铲雪,阶梯与坡道设有防护栏杆。 ・设有残疾人无障碍通道。
前台接待	・迎接与问候。 ・承诺遵从《HIPAA法案》(Health Insurance Portability and Accountability Act)的规定(不得向第三方披露保密信息)。 ・对于必要的文书工作有基本的指引。 ・卫生间干净整洁。 ・舒适且座位充足的等候区。 ・提供易于清洗的玩具,并定期进行消毒。 ・垃圾桶方便易见。 ・乐于助人、态度友善的工作人员。 ・员工之间和睦共处,相互尊重(当事人能看出工作者是否喜欢在这里工作)。 ・提供饮水机。 ・提供洗手液。
打招呼	・称呼每位家庭成员的名字。 ・蹲下或弯下腰,使得孩子能与你面对面。 ・与孩子和家长保持适当(一个手臂)的距离,尊重他们的个人空间。 ・与孩子直接对话。 ・尊重那些选择不回答你的提问、不与你对视或不同你交谈的人。

了解儿童和家庭

第一次会谈需要收集的信息通常比较标准化,包括姓名、年龄、学校出勤率和家长信息等。我通常会画一张家谱图,询问所有人的名字和年龄,甚至包括宠物。然后向他们展示这张家谱图,并开玩笑说:"这是你们的'全家福',正方形代表男孩,圆形代表女孩。谢谢你们,这张图可以帮助我记住你们家庭中重要的人和宠物。"这些信息对家长来说可能是重要的,却可能与孩子的关系不大,所以我会很快转向了解什么对孩子而言是重要的。在初次的治疗中,开场几分钟的提问和做法会为整个治疗过程奠定基调(De Jong & Berg, 2013)。

由于人们习惯用描述问题的方式来回答提问,所以那些看似无恶意的提问("是什么让你来到这里的?""我可以怎样帮助你?""和我多说些你的情况吧!"),往往会被当事人理解成描述自己的过失。表2.2列举了问题式提问与优势式提问的不同。

表 2.2 问题式提问和优势式提问

问题式提问	优势式提问
引出问题和缺点的细节	引出当事人的能力并为建构解决方案做好准备
当事人是有缺陷的	当事人是有能力的人,拥有优势和资源
治疗师是修复家庭的专家	父母是自己家庭的专家
成年人比孩子懂的更多	孩子是自己的专家
当事人是被动的服务接受者,特别是孩子,他们在成年人讨论问题时只能默默地坐在一旁	当事人是积极的参与者,由父母、孩子与治疗师共同建构解决方案

为了引导对话朝着"你哪里做得很好"的方向发展,我们可以向当事人提出关于优势和能力的具体问题(Berg & Steiner, 2003)。表2.3列举了探索当事人能力的提问示例。

表 2.3 探索能力的提问

孩　子	父　母	其他相关者
·你擅长什么？ ·你最喜欢的玩具是什么？ ·你喜欢做什么？ ·什么让你成为一个好的宠物主人？ ·你是如何做得这么好的？ ·你在学校里最擅长的是什么？ ·是什么让你成为别人的好朋友的？ ·谁知道你是一个好的朋友？ ·你做过什么很难的事情？ ·有什么事情是让你觉得特别骄傲的？ ·你的父母擅长什么？	·你欣赏你孩子的哪些方面？ ·他是如何帮到你的？ ·他是如何扮演好哥哥的角色的？ ·他最擅长什么？ ·有哪些方面是进展顺利的？ 　——个人生活方面？ 　——个人育儿方面？ 　——个人家庭方面？ 　——跟学校有关的方面？ ·你空闲时间喜欢做什么？ ·她这周做了什么让你感到骄傲的事情？ ·你克服过哪些困难？	·你的老师会说你擅长些什么？ ·谁最了解你？ ·你的狗狗喜欢你什么？ ·你的朋友会对你说什么？ ·如果外公在这里，他会说他喜欢和你一起做什么？ ·谁最能察觉到你把孩子教得很好？ ·还有谁发现了你们家庭的优势？ ·老师是如何赞扬她的？

发展性问题 / 观察

在治疗过程中运用儿童发展的知识是很重要的，因为这有助于发掘儿童的能力，以及采取合适的方式赞美孩子和他们的父母。作为治疗师，我们可以提出问题，进行观察，对儿童发展的各个领域在尊重的基础上抱有好奇心。此外，建立合作、尊重的治疗关系的另一个前提就是要与孩子和父母开展谈话。

年龄 / 发展性问题 / 观察

> **发展的维度**
> - 生理
> - 社会性
> - 情绪
> - 认知
> - 关系

» 告诉我你掉牙的故事。

» 有什么事情是现在二年级的你能做的,而一年级的你做不到的?

» 你女儿最近学会了什么,让你印象深刻?

» 你花了多长时间拿到驾驶证?

» 你学会了许多英文连笔的写法。

» 你儿子很善于归纳和组织。

» 我看得出你很积极主动。

观察的重要性再怎么强调都不为过。如果一个孩子带着毛绒动物玩具或其他玩具走进你的办公室,你可以合理地猜测它有某种意义。但是,也不要过分猜测。最重要的是让孩子或他们的父母来明确它的含义与细节。

治疗师　我看到你带了东西来。(停顿,指着毛绒兔子玩具)
孩　子　(沉默,紧紧地抱着毛绒玩具)

父/母　　那是 June Bunny,我们到哪里都带着它。

治疗师　　(保持身体距离)哦,June Bunny,很高兴见到你,也许有一天我也会认识你。(对孩子说)我很高兴你把 June Bunny 带来。你到这里来的时候,可以带任何你想带的东西。

在互动过程中,治疗师谈论这个玩具时,并没有称它为毛绒兔子、彼得兔,或其他东西。她让家长说出它的名字,以及它的意义。其他时候,我们还会观察孩子的行为或穿着。通过谈论和表达好奇,我们进入孩子的世界,征求他们的意见,但我们只在获得邀请后才能这么做。这种互动方式就像是在敲门,而不是肆意闯进去。

» 我看到你穿了蜘蛛侠的衣服……你喜欢蜘蛛侠吗?

» 我看到你在等候室里玩 iPad,你最喜欢玩什么呀?

» (留意到书)你在读什么书呢?

» (看到父母和孩子在等候室里玩游戏)你们还会一起玩什么其他游戏?

» (在等候室里玩乐高积木)你要不要把它们带过来玩?

在"让我了解你"的对话中使用玩具

孩子常常认为治疗就是大人谈论他们所做的坏事,或者讲他们有多淘气、糟糕、脏乱、烦人。而父母则可能因为担心被人评头论足,顾虑自己管教得不好,所以对孩子接受治疗而感到紧张。如前一章所述,儿童在参与游戏活动时更为健谈。当他们讨论自己喜欢做的事情时,也更加健谈。在我二十多年参与儿童和家庭治疗的经验中,我发现将有趣的活动与探索优势和能力相结合,可以促成一种强有力的期待——

治疗是既有用又有趣的（即使这很困难）。在焦点解决游戏治疗中，儿童有发言权，成年人和儿童（通过语言和非语言的方式）谈论什么对他们来说是重要的，以及他们对家庭有什么期望。

在"让我了解你"的对话中，我经常用到磁性白板和彩色磁贴（图 2.1）。这种便携式白板比尺子稍大，是一种适合儿童和成人使用的沟通工具。我将在第五章里讲述它作为评量工具的

图 2.1 评量板

使用方法。它是一种基于运动知觉的开启对话的工具，在让治疗师收集重要信息时，奠定对话的趣味性基础。

"让我了解你"的游戏

所有参与者都要挑选磁贴，每挑选一块磁贴就说一些关于自己的事情，然后把它放在白板上的任何位置。治疗师和家庭成员可以通过多轮游戏来了解他们自身的优势、资源、爱好、技能、喜欢的活动等。这可以让治疗师在了解问题前先了解来访者。

下面这段会谈记录了贾尼丝和她的两个孩子在家庭会谈中前五分钟的情况。

治疗师 看这个，它是一块磁贴，对吧？你可以拿起这块板子，尽可能多地告诉我你能想到的关于自己的事情。每当你说出一件事情时，你就可以拿起一块磁贴，把它贴在你的板子上。

男　孩 非常非常非常非常糟糕，就是这样。我不知道。

我不会去评论他"非常非常非常非常糟糕"的自我评价,因为我想了解的是男孩的能力。

治疗师 你已经告诉了我关于你的事,你得了一分,因为你告诉了我你今年6岁。

男　孩 嗯……

治疗师 不是吗?好的,你可以把它(磁贴)贴上去了,它代表你是6岁。而你(对女孩说)告诉我你3岁了,所以你也可以选一个磁贴,把它贴在板子上。

治疗师 (对妈妈说)现在来跟我讲讲路易斯吧。

妈　妈 嗯,他喜欢玩乐高积木。

治疗师 玩乐高积木!

男　孩 我真的很喜欢!我还有小的乐高积木呢。

治疗师 你很擅长这个吗?好的。(对妈妈说)那现在谈谈玛丽吧。

妈　妈 她喜欢玩的东西不是玩具。

母　子 (笑)

治疗师 哦,那很有趣。那是什么样的东西?

妈　妈 她喜欢桌垫、毛巾、抹布,还有……

治疗师 啊。

妈　妈 清洁用具……

男　孩 恶心。

治疗师 我觉得不是玩具的东西有时候可能是最有趣的(一边微笑和点头,一边做记录)。好的,你有没有想到别的关于自己的事情?

男　孩 我是一只猴子。

治疗师 一只猴子?这是什么意思?

男　孩 就是说我喜欢爬来爬去。

治疗师 是吗？你喜欢爬什么？

男　孩 嗯。攀岩。不，不，要用绳子的那种。

治疗师 那你还喜欢做什么？

男　孩 嗯……和我的朋友一起玩。

治疗师 再说一遍。

男　孩 和我的朋友一起玩。

治疗师 和朋友一起玩。啊，那很酷。你呢，玛丽？

男　孩 她喜欢一些很无聊的东西。

妈　妈 啊，宝贝，你喜欢做什么？

女　孩 嗯，玩娃娃。

男　孩 噗噗噗噗……

治疗师 你最喜欢玛丽的哪一点？

男　孩 她抱摔我！

治疗师 她抱摔你，那很有趣吗？

女　孩 我想到一个。

治疗师 你最喜欢你哥哥的哪一点，关于路易斯的？

女　孩 嗯，我打他，还摇他。

治疗师 你是说……你指的是什么？

男　孩 她喜欢打我。

女　孩 是的。

治疗师 嗯？所以你也喜欢被抱摔？

男　孩 抱摔！耶！（抱摔妹妹，然后他们都咯咯地笑个不停）

女　孩 是的。

治疗师 就像刚才那样吗？

治疗师 贾尼丝，作为家庭的一员，你最喜欢做什么？

男　孩 坐火箭飞船。

妈　妈　我……

男　孩　喜欢吃巧克力豆。

妈　妈　我特别喜欢我们日常的睡前时间,一起读故事。还有更奢侈一点的,我们一家人去远足。

治疗师　哇。(记录下来)

治疗师　好,让我们来看看。告诉我你擅长什么。

男　孩　玩乐高。

治疗师　嗯,好的,你可以得到一块磁贴。你之前就告诉我了。我很高兴你又说了一遍。

男　孩　嗯。不。

治疗师　好,那你呢?

男　孩　我要把这些都拆了。

(治疗师把白板交给女孩,不评论男孩所说的话)

女　孩　妈妈帮我搭积木。

治疗师　真的吗?噢,那很有趣。

男　孩　(把磁贴拼成微笑的表情)它们看起来超级开心!

治疗师　好。你拼了一个好看的圆圈。很好。

女　孩　是的。

治疗师　你还擅长什么呢?

男　孩　嗯,玩乐高!

治疗师　嗯,玩乐高,那实在太好玩了,对吧?好吧,告诉我们一件别的事情吧。

男　孩　嗯,跑步。

妈　妈　(微笑,点头)

治疗师　噢!

男　孩　因为我以前参加过田径比赛。

治疗师 噢！好吧,你有段时间没说话了。那来说说你欣赏每个人的哪些方面吧,就是你对你的孩子感到骄傲的地方。

妈　妈 嗯,路易斯帮了我很多。就像今天,他帮我们去取了信件。

男　孩 是我,是我,是我。

治疗师 嗯。好的。

妈　妈 玛丽很有爱,她喜欢亲吻和拥抱。

治疗师 哇。

妈　妈 还有被抱着。

治疗师 那很好。

在上述的会谈记录中,我收集到很多信息。提问和回答是一个共同构建的过程,德·容(De Jong)和伯格(2013)称之为倾听、筛选和建构。

1. 倾听和观察个人及家庭的兴趣、技能和资源。
2. 对这些内容进行筛选,加以回应并表达对它们的好奇。
3. 以当事人对兴趣、能力和解决方案的描述为建构基础。
4. 把它们作为资源收集起来,以便在整个治疗过程中加以利用。

在这五分钟的谈话中,我们知道了什么?我们知道了路易斯十分喜欢玩乐高,喜欢攀岩和远足,还喜欢和妹妹一起玩。他有好朋友,而且喜欢和他们一起玩。玛丽喜欢拥抱、玩娃娃、用厨房用具玩过家家。她喜欢和哥哥一起玩,也喜欢和哥哥、妈妈一起玩乐高。贾尼丝能够关注到并欣赏孩子们做的那些有帮助的、充满温情的小事情,她喜欢一家人去远足,和孩子们愉快地享受日常的睡前时间。我注意到孩子们都踊跃发言,妈妈会倾听孩子们的心声,让他们自己做出回应。我看到充满爱意的微笑、拥抱、抱摔和依偎。他们一起欢笑,而且都知道自己和家人喜欢的东西。

如果我追问那个"非常非常非常非常糟糕"的自我评价,就不可能了解到他们所有的这些能力与优势。当开始谈论家庭的最大期望时,我们便会对家庭所拥有的优势、创造力和能力有基本的了解。

在上面的例子中,我选择收集一部分的信息,稍后我会引出其中的细节。另一种取向是紧接着继续提问,从而引出关于能力部分的细节。

治疗师　你擅长什么?
男　孩　我不知道。

孩子和大人经常会回答说"我不知道"。发生这种情况时,试着保持沉默,并要理解他们可能只是需要时间来思考答案,"我不知道"就有点像"嗯,让我想想",只是简单的避免沉默的说法。保持沉默表达了对他们思考过程的尊重和耐心。有趣的是,沉默几秒钟后人们通常会继续说话和回答问题。

治疗师　(保持沉默,就像对待"嗯,让我想想"那样)
男　孩　搭乐高。
治疗师　真的吗?你会用乐高搭什么呢?
男　孩　房子之类的吧。
治疗师　你能搭房子?你是怎么做到的?
男　孩　就是,乐高可以拼在一起,所以你就先把它们放在一起搭一堵墙,然后再搭另一堵墙。我先搭墙,然后再做屋顶。
治疗师　你怎么决定墙有多大?
男　孩　如果我想要里面有人,我会考虑墙需要多高,然后我就去做。
治疗师　你真的很擅长搭乐高。那你还擅长什么其他的呢?

我们有许多方法可以将游戏活动融入初期的信息收集过程。

» 一起来搭建一座塔,每添加一块积木,就告诉大家一件关于你的事情。

» 把珠子串起来,每串一颗珠子就告诉大家一件关于你的事情。

» 画一幅关于你们家的画,把家里你喜欢的部分画出来。

» 拨动计数算盘上的珠子,说出十件关于你的事情。

» 父母、孩子和治疗师轮流谈谈自己的兴趣、年龄、宠物、爱好和自己欣赏每位家庭成员的哪些地方(孩子可以谈谈自己的年级)。治疗师可以进行不同方式的调整,来收集所需要的信息。

» 写出或画出每位家庭成员身上你喜欢的地方,包括你自己。

初次治疗的前几分钟,治疗师可以进行非问题式谈话(problem-free talk),以表达对家庭的好奇,进而探索他们的兴趣和技能。虽然这个过程可能只持续5—10分钟,但它为治疗过程的下一步——制定协议和建构解决方案奠定了基础并挖掘了潜在资源。

【参考文献】

Berg, I. K. & Steiner, T.(2003). *Children's solution work*. New York: Norton.

De Jong, P. & Berg, I. K.(2013). *Interviewing for solutions*. 4th ed. Belmont, CA: Brooks Cole.

de Shazer, S.(1985). *Keys to solution in brief therapy*. New York: Norton.

Selekman, M. D.(1997). *Solution-focused therapy with children: Harnessing family strengths for systemic change*. New York: Guilford Press.

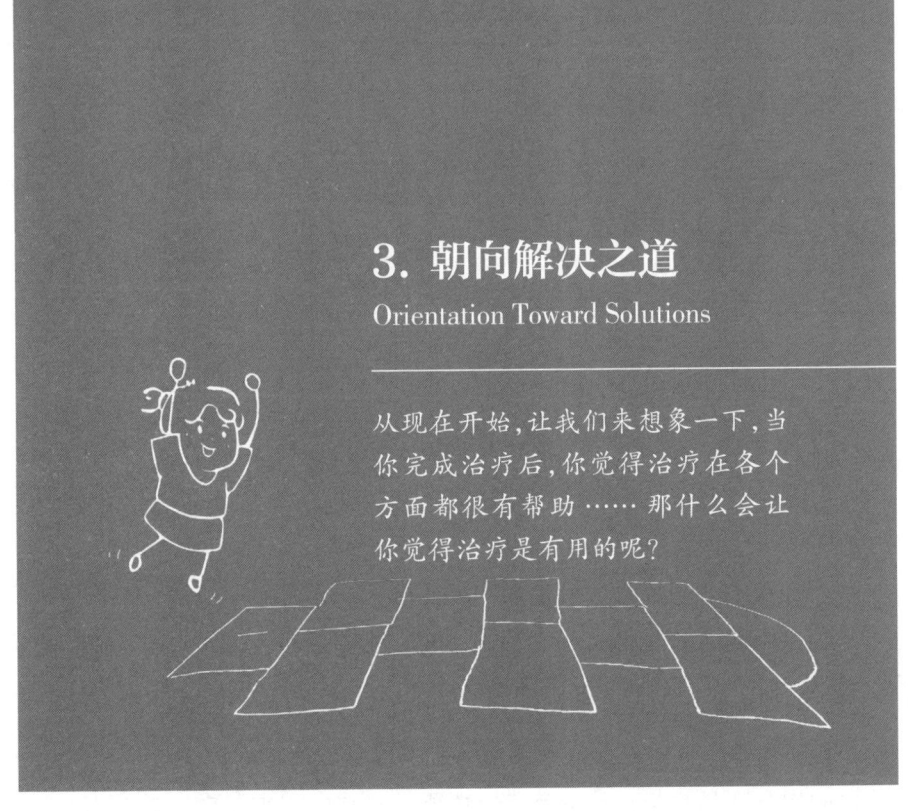

3. 朝向解决之道
Orientation Toward Solutions

从现在开始，让我们来想象一下，当你完成治疗后，你觉得治疗在各个方面都很有帮助……那什么会让你觉得治疗是有用的呢？

　　治疗的核心任务是了解当事人希望从治疗中获得什么，并且协助他们向想要的未来前进。在第二章中，我们详述了如何与有能力的孩子及父母进行谈话。这种非问题式谈话可以为设定目标打下基础。在设定目标后，治疗师会让当事人详细地描述目标实现后将发生什么。描述得越详细，实现的可能性就越大。因为，详细的描述是对未来的一种预演。其实，"目标设定"（goal setting）一词似乎并不足以描述这一过程。克里斯·艾夫森（Chris Iveson）（2001）创造了"想要的未来"（preferred future）这一术语，它更准确地概括了为达到期望的结果所经历的协作过程。在下文中，我将把"目标设定"与"想要的未来"当作同义词使用。

目标设定：你想要什么？

"焦点解决取向可以被视为一种'朝向的取向'（towards approach），而不是一种'回避的取向'（away from approach）"（Ratner et al., 2012, p. 63）。去杂货店的时候，我会在脑海里或纸上列出我想买的东西。但如果我要列出所有不想买的东西，那将是一种糟糕的购物方式。毫无疑问，这样我肯定得花更多的时间，然后我整个下午都会很沮丧，甚至连晚餐的时间也可能被推迟。另一个常用于焦点解决取向的类比是关于出租车司机的。当我坐上一辆出租车，我告诉司机哪些地方我不想去，那肯定是一种很糟糕的沟通方法，因为司机只需要知道我想去哪里就可以了。我们可以用这种方法来想象治疗——我想去的目的地是哪里？当事人和治疗师必须一同花时间来制定协议。当事人确定自己想要什么，与治疗师确定希望治疗师协助自己走到哪里。治疗师就像司机，希望知道当事人想要抵达的目的地。这是协议制定流程的第一步。治疗师会关注如下一些特定的事（de Shazer et al., 2007）。

了解"想要的"而不是"不想要的"

当事人常常会说他们希望某些事情不要发生。此时，治疗师要肯定他们的期望，并询问他们想要什么。"当争执减少时，会发生什么呢？当情况好转时，会发生什么呢？"

治 疗 师　对于这次治疗，你最大的愿望是什么？
爸　　　爸　道格拉斯总是在学校伤害其他孩子。他可能会被开除，从幼儿园辍学！
治 疗 师　是什么让你觉得治疗会有帮助？

爸　　爸　校长说我们得来这儿参加治疗,这样他才能继续留在学校。
治 疗 师　做些什么能让他留在学校呢?
爸　　爸　遵守那该死的规则。这只是幼儿园,能有多难呢?
治 疗 师　好的,那就按照幼儿园的规则去做吧。道格拉斯,我已经很久没上过幼儿园了。我想你肯定非常熟悉那里的规则。你能教教我吗?
道格拉斯　好的。

详细描述未来的行为

"想象一下我们在录像里看到未来的画面,我们会听到你在说什么,看见你在做什么,以此证明生活正朝向你想要的方向发生着改变?让我看看你的身体在做什么动作。还有谁会在场?谁会注意到这些?这一开始将发生在家里的哪个地方?"爸爸的目标是让道格拉斯能遵守规则,但我们还不知道道格拉斯的目标是什么。不过,我们可以了解遵守规则的行为具体是什么样的,看看它会为我们带来什么。

治 疗 师　第一条规则是什么?
道格拉斯　(大喊)不准在学校里奔跑!!!
治 疗 师　不奔跑的话,你会怎么做呢?
道格拉斯　慢慢走。
治 疗 师　那就在学校里慢慢走吧。那有什么地方是你可以奔跑的吗?
道格拉斯　课间休息时间,户外。
治 疗 师　那么你能告诉我慢慢走有什么不同……
道格拉斯　……还有体育馆。
治 疗 师　你可以在课间休息时间、户外和体育馆奔跑?
道格拉斯　(点头)

治 疗 师　让我看看你是怎么跑的。(男孩绕着房间跑)我们假装这条线是学校的门。当你来到学校时,你应该怎么做?(男孩立即停止奔跑,然后开始走路)哇,就是这样。

爸　　爸　(笑)那打闹的部分呢?

道格拉斯还说明和示范了另外两条规则:

» 不准打闹(不想要的)。管好自己的手脚。可以踢球和打排球(想要的)。
» 不要打岔(不想要的)。认真听老师的讲课,等待发言的机会(想要的)。

与当事人有关的目标

太多时候,儿童的治疗目标都由成人决定。在这个案例中,我们知道爸爸想要的是什么,但这只是目标的一部分,现在我们还需要了解道格拉斯的愿望。家长和学校老师都可以设定各种各样的目标,但除非与孩子达成一致意见,不然这些目标几乎不可能实现。因此,孩子、父母和治疗师需要共同创造有意义的目标。

治 疗 师　爸爸和学校希望你遵守这些规则,对吗?(男孩点点头)你想要什么不一样或更好的吗?

道格拉斯　学校太傻了。所有东西都傻。我从来都没有课间休息时间。

治 疗 师　你喜欢课间休息时间吗?

道格拉斯　是的,呃。

治 疗 师　是的,呃。我也喜欢课间休息时间。

治疗师继续提出以下问题：

在课间休息时间，你最喜欢做什么？（对爸爸说）你还记得你在课间时间喜欢做什么吗？你们一起做过什么类似课间休息时间做的事情？你上次做类似课间休息时间做的事情是什么时候？你是怎么做的？谁注意到你做了类似课间休息时间的事情？

具体的目标

孩子和父母把要采取的行动转化为孩子能理解的具体行为，这样孩子就可以在离开治疗室前进行练习。道格拉斯是学校规则和课间休息上的专家。通过对学校规则和课间活动的描述和演示，讨论开始变得有趣又积极，同时适应孩子的具体认知能力。

治 疗 师　所以如果我们能想办法让你有更多的课间休息时间，你会喜欢吗？

道格拉斯　我想是的。

可实现的目标

我们可以通过发现最近发生过的期望行为告诉孩子和父母，他们的目标不仅是可行的，而且已经实现了。我们的任务是发现何时以及如何使它（期望行为）再次发生。记住这一原则：如果有效，就多去做。

治 疗 师　你说上周自己之所以有课间休息时间，是因为你整个早上都管住了自己的手脚。你还做过什么让你得到课间休息时间的事情呢？

可测量的目标

让目标变得可测量的一个好方法是量化目标（参见第五章）。治疗师与孩子和父母一起建立一个 1—10 分的量表，10 分代表目标或想要的未来，1 分代表让他们来参加治疗的问题。"你现在处于量表的什么位置？你的老师需要看到什么才会让你有课间休息时间？"

治疗师　你觉得自己什么时候可以再有课间休息时间？
道格拉斯　明天，总是可以的。
治疗师　对于明天有课间休息时间，你有多少信心？

微小的改变

"第一件发生的小事会是什么？在所有的想法中，你猜第一步行动会是什么？你身体的哪个部分会最先行动起来？"

> 今天发生了什么让你觉得自己明天可以有课间休息时间？

治疗师　你是从什么时候开始知道自己今天会有课间休息时间的？
道格拉斯　嗯？
治疗师　我们假设明天就有课间休息时间。今天发生了什么事情，会让你觉得自己明天会有课间休息时间？

很多时候，大人和孩子所描述的想要的未来，往往是一些相当模糊的东西，比如他们想要快乐，有更好的态度，变得友善，或者再次拥有朋友等。这是一个非常好的开始，但作为会谈的编排者，治疗师还需要得到关于发生什么以及何时发生的具体描述。现在有一个方法可以让我们通向具体可见的未来。

治疗师 你希望有什么不同?
孩　子 我想要变得快乐。
治疗师 告诉我更多关于你想要的快乐。
孩　子 我总是很难过。
治疗师 我明白了,所以你想要快乐,不想再难过了。
孩　子 是的,但我现在就很伤心。
治疗师 人都会有很多不同的感受。对于你现在的伤心,你一定有一个很好的理由。

这个说法使我们常有的矛盾或不安情绪正常化。

孩　子 我的小狗死了。
治疗师 哦,你的小狗?
孩　子 是的,我很想它,还会因为它哭。
治疗师 你非常想它。这确实很令人伤心。这里有一些玻璃弹珠。告诉我你现在的难过是多少(孩子把10颗玻璃弹珠放在一起),快乐是多少(孩子把2颗玻璃弹珠放在一起)。
治疗师 (指着堆在一起的玻璃弹珠)即使现在你的难过有这么多,你的快乐还是有这么多?(孩子点头)你想要多少快乐?
孩　子 全部。(将两边的弹珠合在一起)
治疗师 什么是适度的难过,不要太多,但刚刚好?
孩　子 有一点难过是正常的。(移动其中1颗弹珠)
治疗师 你如何知道自己的难过是适量的?
孩　子 我不会一直哭,但我仍然爱我的小狗,我心里有关于它的回忆。

治疗师　当然，有关于它的回忆。还有什么？

孩　子　快乐。

治疗师　所以你想要很多快乐，有一点难过也没关系。（用孩子的语言）现在的你有多少快乐？（重新整理弹珠）目前有什么让你感到快乐的呢？

我们要把情绪从一种内心状态转化成一种外化的评量指标，孩子通过识别可评量（玻璃弹珠）和可观察的行为，进而有能力去进行改变（de Shazer et al., 2007）。在这里，玩具就成了一种沟通工具。

孩子描述了一些快乐的事情，于是治疗师对总是难过的例外情形有了更详细的了解，并且通过多次询问"还有什么"，从而获取关于新事物的细节，并进而把目光转向未来。

治疗师　假如再将一颗弹珠移到快乐的那边。当你有多一点"快乐"时，将发生什么？

孩　子　在课间休息时玩。

治疗师　所以你在学校有课间休息时间，对吗？（孩子点头）我们可以聊聊快乐的课间休息时间吗？（孩子点头）你在课间休息时做些什么，会觉得很快乐？

孩　子　荡秋千和滑滑梯。这很好玩。

治疗师　这听起来很好玩。让我们一起来想象一下，你正在开心地荡秋千和滑滑梯。我有一些纸、马克笔和蜡笔。我想让你画出自己快乐的一天。让我看看你会做些什么。

> **引出细节的方法**
> - 涵盖不同的感官
> - 关系问句
> - 立足于当事人的现实生活

治疗师要问一系列的问题以获取更多的细节。通过这些对话式提问和充满好奇心的提问，孩子给出的每个答案都为下一个提问打下了基础。"跟我说说你的画。还有谁在秋千上呢？你加了两个人，他们是谁？他们怎么知道你想让他们和你一起荡秋千呢？如果你们三个人都有'想法气泡'，'想法气泡'里都有些什么呢？你们荡秋千时，有什么不一样了？"通过简单的绘画活动，孩子详细地描述了当自己开心时将发生什么，会和谁在一起，会做些什么来让好的事情发生，以及这件事会给自己带来怎样不一样的生活。

关系问句（Relational Question）可以将未来与孩子的生活建立起紧密的联系。提及老师、兄弟姐妹、父母、宠物、超级英雄和其他人，可以引出更详细、真实的画面。"哪些大人会注意到你在滑滑梯时很开心？你的朋友怎么知道你想和他们一起荡千秋？假如你有一次愉快的课间休息，然后你回到教室，这时你会做什么？拼写。所以你回到教室，开始做拼写练习。因为你享受了一次有趣的课间休息，所以不知怎么地你就表现得更好了。什么会变得更好呢？当你回到家，你会第一个告诉谁自己今天过得很好？"

现在我们对想要的未来有了非常详细的了解。

> **使情绪可操作化**
> 模糊的内在状态→外化的评量指标→具体可观察的行为

缩小问题,并扩展解决之道

孩子和父母常常希望生活中的某些东西减少或消失。有时,这可以通过帮助当事人识别他们想要的东西并使其朝着目标努力来实现。然而,也有些时候,家庭首先需要具体的办法来协助他们缓解问题,然后才能找到解决方案。一个强有力的工具是想办法减少或使某些事物(行为、记忆、噩梦、恐惧或焦虑)消失,同时增加其他事物(优势、平静、安全或力量)。聚焦于解决方案并不意味着对问题心怀恐惧(Berg & Szabo, 2005)。孩子可能需要表达他们的问题有多严重,并让他们的父母和治疗师充分理解这个问题有多令人苦恼。外化(Freeman, Epston, & Lobovits, 1997; White & Epston, 1990)和命名问题,使问题便于被处理,这是建构解决之道的一个强有力的先决条件。例如,画一幅画,做黏土雕塑,或搭一座楼,然后决定如何缩小或消灭它,这对孩子而言有明显的赋能效果。我曾服务一个 8 岁的孩子,她感到非常害怕以至于大部分时间都不能去上学。她的社交生活、游戏活动和学业都被恐惧所俘虏。我问她恐惧长什么样子。她把它画出来,然后将

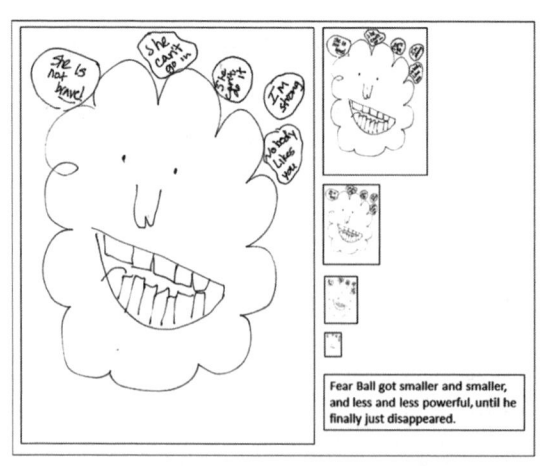

注:恐惧球在说"她不够勇敢!""她走不进去""她做不到""我很强""没有人喜欢你"。复印机把恐惧球缩印得越来越小,它的能量也越来越弱,最终它消失了。

图 3.1 恐惧球

它命名为"恐惧球"(图3.1)。我们称它为"恶霸"。我问,恐惧球说的是真话还是谎话。她说,是谎话。我问她希望它在生活中变得更大还是更小。她说,更小。于是,我们走到复印机旁,她按下按钮,把恐惧球缩印到可控制的大小。

把恐惧球缩小后,小女孩决定要让"花朵女孩"(她给这张为自己赋能的画起的名字)(图3.2)变得更大。她兴奋地按下复印机上的放大键,每印一张,她就增加一些信心。(感谢我的朋友兼同事弗兰克·托马斯向我介绍了复印机的奇妙用法。个人通信,2011年11月)

注:画的右侧是小女孩画的自己,她对恐惧球说"我不怕你""你阻止不了我""走开""你不过是个球"。左侧是小女孩画的妈妈,妈妈对恐惧球说"离她远点"。同时她对女儿说"没问题,我知道你能做到"。

图3.2　花朵女孩

语　言

依据当事人(和治疗师)健谈的程度,一次平均55分钟的治疗会谈中可能会出现5000—10000个词。治疗师需要对回应什么、忽视什么和补充什么做出选择(Berg, 1994; De Jong & Berg, 2013)。这些选择十分重要,因为它们引领着会谈的基调。焦点解决游戏治疗旨在让治疗师倾听孩子和家长对解决方案的想法,并且将游戏作为一种对话工具。我觉得有一些词语、词组或做法特别有用。

"假设"（suppose）这个词可以让家庭去设想一个问题不存在的未来情境。"假设男孩们之间真的不打架了，那会有什么不同？"

"差异问句"（Difference Question）可以引导当事人思考解决方案的有效性。"平静的一天会有什么不同？"

"相反地"（instead）让当事人思考他们想要什么，而不是不想要什么。"你不想看到冲突，相反地，你想看到什么？"

使用"当……的时候"（when）而不是"如果"（if）来引出期望，表示所期望的行为或将要发生。"当男孩们玩得很好的时候，他们在做什么？"

沉默让我们有时间思考。不要害怕沉默，我们的问题可能会很难回答。如果你的当事人陷入沉默或回答说"我不知道"，那就等待5到10秒钟，看看他们是否只是需要思考的时间。接着，你可以说"这是一个很难回答的问题"，或者"假设你知道的话"，然后再等等。如果你抱着期望等待，你会惊讶地发现很多当事人会有自己的答案。试一下，问自己或朋友一个问题，然后看着时钟或秒表，体验10秒钟是什么感觉。

使用"将"（will）而不是"会"（would），它们都适用于将来时态。如果你问的问题是关于想要的未来的，"将"比"会"更好，因为"将"所暗示的可能性比"会"更大。奇迹发生后，将发生什么？[1]

这些语言的小技巧并不只是沉闷的语义学。一个飞行员仅仅改变了航线上的一个刻度，就会使飞机降落在一个截然不同的地方。改变一个用词，例如将"如果"改为"当……的时候"，即便是微小的改变，也可能促成迥异的结果。更多语言使用的细节和其他会谈技巧，

---

[1] 由于中英文语言表达之不同，中文里不存在这个议题。

请参见《焦点解决短期治疗：技巧与应用》（*Interviewing for Solutions*）（De Jong & Berg, 2013）[1]。

我参加过一个培训练习[2]，我发现用它来教授如何运用语言非常有效。这项练习被称为"五个头（不管有多少名治疗师）的治疗师"，是克里斯·艾夫森、史蒂夫·德·沙泽尔和茵素·金·伯格的创意。不管是谁先开始使用的，它已经成为焦点解决培训的一项重要内容。三到五名志愿者扮演治疗师或访谈员的角色，一名志愿者扮演当事人。当事人在开场就说明什么会对治疗有帮助。治疗师A提出一个问句，问句里必须用上当事人所说的一个或多个词，然后当事人回答提问。紧接着，治疗师B用当事人刚才回答中的一个或多个词来组织问句，然后当事人回答提问，以此类推。

当事人	嗯，布雷登最近太冲动了。他用球棒去砸门，真的把门砸坏了。他不可以这么做。
治疗师A	那如果治疗在某种程度上是有帮助的，并且改变了他的冲动，你会更多地看到什么？
当事人	嗯，只要他表现好就可以了。
治疗师B	嗯嗯，当他表现好的时候，就像……？
当事人	会做家务和家庭作业。
治疗师C	当他把家务和家庭作业做完时，会有什么不同？
当事人	他就不会大喊大叫了。
治疗师D	哦！没有了大喊大叫，那会发生什么？
当事人	嗯，我们可能会玩游戏或者看电视节目。
治疗师E	你们最后一次玩游戏是什么时候？

---

[1] 此书中文版由华东理工大学出版社出版，译者为沈黎、吕静淑。
[2] 这项练习出自焦点解决短期治疗协会的周末集中训练营。——原注

当 事 人　几天前。

治疗师A　真的吗？你们几天前还在玩游戏，那是什么游戏？

当 事 人　我不记得了，不过一切都挺美好的，直到后来他不高兴了，把东西扔到地上。

治疗师B　所以这是一段美好的时光，你希望这更常发生，对吗？

这样的练习令人深思，让我明白了其中的要点：仔细倾听，不要想得太远，在提问时保留当事人的用词。这是一个很不错的练习，我在工作坊里用过好几次。

家庭想要的未来

当有多位家庭成员参加治疗会谈时，可能会出现多个目标，或者他们对想要的未来有不同的描述。在治疗过程中，应该让每个人都有机会引导治疗结果。此外，儿童系统中还有一些重要角色，即便他们没参与会谈，也需要通过别的方式让他们有所表达。例如，对话的过程可能如下：

治 疗 师　我们把对你而言重要的事情和对妈妈而言重要的事情列个清单，怎么样？你想用什么颜色的便利贴来写你的？

男　　孩　这个。

治 疗 师　妈妈，你想要什么颜色的？

妈　　妈　蓝色。

治 疗 师　假如你的爸爸（老师／猫）在这里，他（她／它）会用什么颜色呢？

男　　孩　爸爸喜欢绿色。

治疗师 太好了！现在告诉我，如果我们很好地利用了时间，你怎么才能知道自己已经完成了所有的治疗。我们可以把它们写在你专属颜色的便利贴上，你想贴在哪里就贴在哪里。

这样的谈话本身就有奖励的性质，因为每回答一个问题，男孩就可以撕开一张便利贴，把它贴在房间的某个地方来代表想要的未来。在完成个人描述之后，治疗师可以对母亲和儿子写下的相似内容表现出好奇。

治疗师 我很好奇，你们写的便利贴上有没有哪些内容看起来很相似？让我们看看有没有重叠的内容。

或者：

治疗师 你能不能想个办法把你的一个想法和妈妈的一个想法合在一起？

又或者：

治疗师 现在，相互读对方的清单，在你认为可以付诸行动的想法上打钩。

计数算盘

当讨论多个目标或有多位家庭成员在场时，计数算盘就特别实用。每个人都可以选择一种颜色的珠子或一列珠子，说出可以代表他们想要的未来的至少十件事，每说出一件事就拨动一颗珠子。随后当事人可以进行对照，评量自己当前已有的珠子/分数，接着拨动更多珠子，并讲述是哪些已经发生的事情使他们得到了这么多的珠子/分数。然后，治疗师可以让他们想象当又有珠子被拨动时，将发生什么事情。让孩子猜测接下来将发生什么，可以引出有趣的对话，并以此鼓励孩子成为自己生活的预言家。每位家庭成员都可以猜测接下来会发生什么好事情，再用一周的时间来观察谁猜对了。

奇迹问句

奇迹问句是由位于美国密尔沃基市的短期家庭治疗中心（de Shazer et al., 2007）发展而来的，它几乎就是最著名的焦点解决问句，而且非常适用于儿童。

> **奇迹问题**
>
> 假设……今天你离开这里之后……你继续像往常一样生活，最后你上床睡觉。然后……一夜之间奇迹发生了。你今天带来这里的问题，奇迹般地消失了（打响指）。但你不知道奇迹发生了，因为你正在睡觉。让你发现奇迹发生了的第一条线索是什么？
>
> （de Shazer, 1988）

治疗师 那如果……让我问你一个有趣的问题。好吗？

女　孩 （点头）

治疗师 这是一个不太寻常的问题，需要一些想象力。（对妈妈说）她想象力丰富吗？

妈　妈 嗯。

治疗师 哦，那你可能会做得很好。好的，让我们假设你今天离开了这里……你回到家,吃晚饭,不管你晚上通常会做什么,也许你会做一些家庭作业,或者你会玩一会儿,最后你肯定会上床睡觉,对吧?

女　孩　嗯。

治疗师　好的,你睡着了,然后一夜之间,奇迹发生了!但是因为你在睡觉,所以你并不知道发生了什么。它会让你大吃一惊。第二天一早……当你醒来的时候,你发现奇迹发生了。而且,无论是你在上学或下车时遇到的任何问题,它们都消失了!它们统统消失了,因为奇迹发生了。那么,你是怎么知道的?第一件让你觉得奇迹发生了的事情是什么?(长时间停顿)

女　孩　我可以上学了?

治疗师　好的。那你在什么时候最先发现"我可以上学了"?

请注意这里有意识地保留女孩使用的说法,并且使用现在时态进行对话。

女　孩　因为你能感觉到它,你知道自己再也不害怕了。

治疗师　你能感觉到吗?你是怎么感觉到的?

女　孩　我早上觉得肚子不舒服,然后去学校的时候就会感觉不太好,因为肚子疼。

治疗师　那么,在"奇迹的早晨",你的肚子感觉怎么样?

女　孩　很好。

治疗师　"很好"是什么感觉?

女　孩　我能做得到不会被困在门口,我可以进去做任何事情,今天会是正常的一天。

治疗师　哇。早上什么时候你最先发现"我的肚子很好,今天会是正常的一天"? 比如当你刚睁眼的时候?

女　孩　(摇摇头)在我第一次上楼的时候……

治疗师　你家的楼上?

女　孩　(点头)

治疗师　好的。

妈　妈　这么说,还挺早的,是吧?

女　孩　嗯。

妈　妈　早餐前?

女　孩　(点头)

治疗师　还有什么让你觉得今天去学校会很容易?

女　孩　因为肚子不疼了,所以我感觉今天会很好。

治疗师　哦。所以在那轻松的一天里(指着她画的奇迹日子里的自己),你可能会想到什么呢?

女　孩　(写在纸上)

治疗师　所以你会知道这是个奇迹,因为你……?

女　孩　因为我很顺利地去学校上学。

治疗师　是的。很好。当你还在家里,第一次准备要上楼的时候,你会对自己说些什么,让自己知道今天会是美好的一天?

女　孩　因为我上楼的时候肚子不疼了,我就知道自己什么都不害怕了,一切都变得不一样了,所以我能够走进去了。

治疗师　嗯。好的。除了你,还有谁会知道你没有遇到麻烦?

女　孩　妈妈?

治疗师　哦。你觉得妈妈会注意到什么?

女　孩　就是我进去的时候一点儿问题都没有。

治疗师　(看着妈妈)你觉得你会注意到吗?

妈　妈	嗯。我会很高兴。开车把你送到学校门口后我会做什么？
女　孩	打电话给爸爸。

（妈妈和治疗师笑了）

治疗师	那你会说什么呢？
妈　妈	她做到了！我太高兴了！她成功了，而且她很开心！
治疗师	所以什么问题都没有了。
妈　妈	她会很开心，我也很开心。
治疗师	一定的！当她下了车，跑进学校大门时，你觉得她会说什么？
妈　妈	她可能会说："妈妈，今天放学后我想和乔茜一起玩。你能打电话给她妈妈，约她一起玩吗？"
女　孩	或者我们可以去逛商店，我们也可以做一个约定，如果我能做到，她就带我去个地方玩。
治疗师	哦！所以你会想放学后的事情？
女　孩	嗯。
治疗师	好的。那你认为她还会说些什么呢？
妈　妈	嗯，我想她可能会说……今天在学校要做些什么。
女　孩	嗯。
妈　妈	你会告诉我你的朋友昨天都玩了些什么好玩的，你希望他们今天还能再玩一次。跳绳，或者体育课上的游戏。
女　孩	（点头）嗯。
妈　妈	我们可能会聊一下学校的事情，然后再聊聊我们全家晚上要做什么。
女　孩	嗯。
治疗师	所以，你们会谈在学校和家里发生的所有好事情。
妈　妈	嗯。我们就放松地谈谈平时的事情。
治疗师	所以你是第一个知道的，妈妈是第二个，然后她打电话给爸

爸，爸爸是第三个？谁会是第四个注意到的人？

女　孩　我的妹妹。

治疗师　嗯？她是怎么注意到的？

女　孩　因为每个人都很高兴，并且我可以出去玩了，而不只是待在屋子里。

治疗师　待在哪里？在学校还是在家里？

女　孩　在家里。

治疗师　嗯。你的家人会注意到，还有谁会注意到？

妈　妈　想一想早上你下车以后。

女　孩　我的老师吗？

妈　妈　嗯。

治疗师　你的老师，琼斯老师会注意到吗？

妈　妈　你觉得她会有什么感觉？

女　孩　感觉很好。

明天问句

在英国短期治疗中心（BRIEF）中，最常见的未来导向问句是明天问句（Tomorrow Question）。"假设你在一夜之间实现了愿望，明天你会做什么不同的事情？"（Ratner et al., 2012）

魔　法

"假如你拥有神奇的魔力，可以让未来变成你想要的样子，你想要的未来里将发生什么事情呢？"

水晶球

水晶球技巧（Erickson, 1954; de Shazer, 1985）可以加以调整用在

儿童身上,将他们带入成功的未来。我会使用三张水晶球图像:一张代表过去的成功,一张代表现在的成功迹象,还有一张代表想要的未来。孩子和父母可以画出他们在水晶球里看到的任何东西。

三个愿望

"你知道人们有时会许下三个愿望吗?如果你有三个愿望,它们会让你现在的生活变得更好,你的愿望会是什么?"我的治疗室里有一根"魔杖",我常常在问这个问题的时候挥动我的"魔杖"(Berg & Steiner,2003)。

在图3.3和图3.4中,你会注意到这个男孩希望其他人能做出改

Therapist: Now tell them about what we came up with, of ways that you could make the magic work
Boy: Okay
Mom: Oh! Okay
Boy: If I get mad and I'm about to smack him
Boy: Like, I think
Mom: Think first?
Boy: Think first, yea

图3.3 愿望一

注:左侧是男孩画的画,画中写了男孩的第一个愿望——"我希望哥哥不要再叫我的绰号,有时候这会让我很生气"。右侧是相关的会谈记录。

治疗师:现在告诉他们我们想到的那些可以让魔法生效的办法。

男　孩:好的。

妈　妈:哦!好的。

男　孩:如果我生气了,马上就要揍他了……

男　孩:比如,我会想想。

妈　妈:会先想想?

男　孩:会先想想,是的。

> Boy: I wish that I won't argue with my brother and my sister so I won't get mad
> Mom: That's a good wish.
> Therapist: and how do you start the magic?
> Boy: Here's one. I tell my mom and dad so I won't smack my brother
> Mom: So before you think you're going to smack him you come and tell me?
> Boy: Yea

图 3.4 愿望二

注:右侧的画中,男孩写下了第二个愿望——"我希望自己不要和哥哥姐姐吵架,这样的话我就不会生气了"。左侧为相关的会谈记录。

男　孩:我希望自己不要和哥哥姐姐吵架,这样的话我就不会生气。

妈　妈:这真是个不错的愿望。

治疗师:那你是怎么施展魔法的呢?

男　孩:有一个办法,把事情告诉爸爸妈妈,这样的话我就不会去打哥哥了。

妈　妈:所以在想要动手打他之前,你会来告诉我?

男　孩:是的。

变。其实这很常见。我会这么说:"既然你是拥有'魔杖'的那个人,你需要来施展魔法。你会做些什么来施展魔法呢?"有了这样的邀请,他的注意力就能从外部转向内部,从而负责施展自身的魔法。

他的第三个愿望是自己早上醒来时,脾气不要那么暴躁。我问"如果你不那么暴躁的话,你会是怎样的?",然后我们开始发掘他的好点子。他向我展示"快乐并准备好迎接新的一天"是怎样的。

奇迹、愿望、梦想和想象可以带领我们走向个性化且聚焦于未来的对话。一旦确立了通往解决方案的大方向,我们就可以探寻一下现在生活中已经发生的成功事例,以及其他与解决方案有关的提示和线索。

【参考文献】

Berg, I. K. (1994). *Family based services: A solution-focused approach*. New York: Norton.

Berg, I. K. & Steiner, T. (2003). *Children's solution work*. New York: Norton.

Berg, I. K. & Szabo, P. (2005). *Brief coaching for lasting solutions*. New York: Norton.

De Jong, P, & Berg, I. K. (2013). *Interviewing for solutions*. 4th ed. Belmont, CA: Brooks Cole.

de Shazer, S. (1985). *Keys to solution in brief therapy*. New York: Norton.

de Shazer, S. (1988). *Clues: Investigation solutions in brief therapy*. New York: Norton.

de Shazer, S., Dolan, Y., Korman, H., Trepper, T., McCollum, E., & Berg, I. K. (2007). *More than miracles: The state of the art of solution focused brief therapy*. New York: Routledge.

Erickson, M. H. (1954). Pseudo-orientation in time as a hypnotherapeutic procedure. *Journal of Clinical and Experimental Hypnosis*, 2, 261–283.

Freeman, J. C., Epston, D., & Lobovits. (1997). *Playful approaches to serious problems*. New York: Norton.

Iveson, C. (2001). *Preferred futures: Exceptional pasts*. Presentation to the European Brief Therapy Association, Stockholm.

Ratner, H., George, E., & Iveson, C. (2012). *Solution focused brief therapy: 100 key points and techniques*. New York: Routledge.

White, M. & Epston, D. (1990). *Narrative means to therapeutic ends*. New York: Norton.

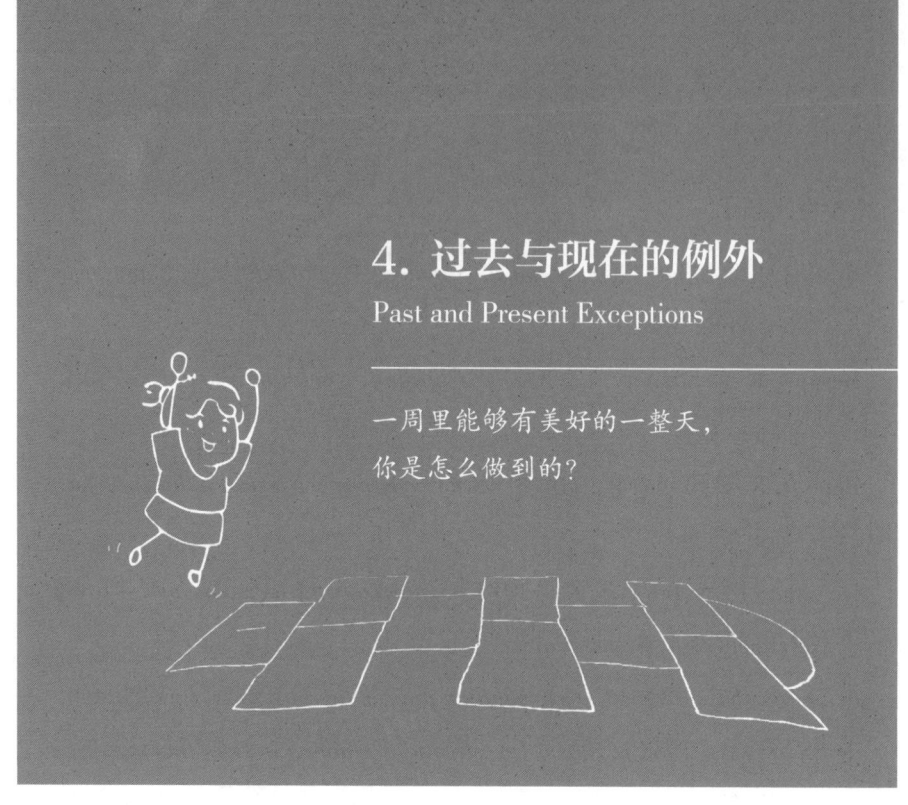

4. 过去与现在的例外
Past and Present Exceptions

一周里能够有美好的一整天，你是怎么做到的？

聚焦于问题应该发生却没发生的时刻，并且探讨当时究竟发生了什么，是治疗会谈中最令人振奋的事情之一。当知道究竟发生了什么，我们就可以继续问："你希望这样的事情更多地出现吗？"如果回答是"是的"，这就意味着我们摒弃了问题式谈话，并且已经向想要的未来共同迈进了一步。接下来，我们的任务就是将想要的未来更加具体化，以及寻找与之相关的已发生的例子。对那些认为在治疗中我们只会讨论失败和错误的家长和孩子们而言，这将是一种全新的体验。

例外与改变

治疗前的改变

治疗前的改变（pre-treatment change）是指当事人在第一次会谈前察觉到改变已经开始发生了（Weiner-Davis, de Shazer, & Gingerich, 1987）。在初步了解了眼前的这个家庭后，我会问一些有关治疗前的改变的问句，例如："从来电预约以后，你有留意到发生了什么改变吗？"如果这些改变与这个家庭前来治疗的原因有关，我们便可以找到问题的例外的先例或想要的未来的线索。很多时候，这些微小的改变可能会被低估为不重要或是偶然发生的事情。但如果这些改变与我们想要的解决方案方向一致，治疗师就可以强调其重要性，并通过探索细节来推进改变的进程。短期家庭治疗中心的团队成员们（Weiner-Davis et al., 1987）发现，出现这种有效改变的案例非常多（三分之二的门诊来访者都有），于是他们就开始邀请当事人在第一次会谈前便留意事情所发生的积极改变。这还能有效地告诉家长，他们就是自己家庭的专家。

第一次会谈时提及的那些振奋人心的变化，往往以例外的形式出现。预想会发生的问题，出于某些原因并没有发生，例如布莱克常常在与父亲见面前后崩溃，但出于某些原因，上星期他并没有这样。一名乐观且相信当事人能力的治疗师对治疗结果有着重大的影响。身为治疗师，我们仔细倾听治疗前的改变，留意并强调微小的解决方案，这可以让治疗室成为改变发生的地方。

淘 金

我在科罗拉多州长大，那里是美国主要的黄金产地。去河边淘金是一项非常刺激的活动。我还记得，保持耐心与仔细观察是淘金的必备技巧。稍微练习一下后,你就会知道自己要找什么,便再也注意不到黄金以外的东西,你会把它们扫到一边,只看那些小小的黄金碎片。

发掘例外需要仔细倾听和耐心。耐心地倾听例外的"淘金岁月"带给我很多快乐。过往发生的例外可能难以被发现,且大多时间被贬作毫不重要,但它们却是微小的成功时刻。这些小小的黄金碎

图4.1　照片来自帕特·萨多斯基（Pat Sadoski）,经许可转载

片汇聚在一起,就会成为重要的解决方案。另一个适用于例外的比喻就是雪球。科罗拉多州和我现在居住的犹他州常常下雪。基本上我在工作中接触过的每个孩子都堆过雪人,或者很期待能在接下来的冬天里堆雪人。雪球的特别之处在于它们一开始都非常小,基本上就是一片雪花,但可以迅速变大。倾听例外就像是滚雪球,一旦开始,它就会在短时间内变得越来越大。

当治疗师询问期望的结果,而当事人却以充满问题的故事来说明他们所不想要的,这其中往往隐藏着例外。例如:

治疗师　我们这次合作治疗会对你有什么帮助?

妈　妈　布兰登总是伤害他的兄弟。他们经常打架打得很厉害。我们已经厌倦了他们的打斗。一般都是布兰登挑起争斗,有时候越打越激烈,我担心有人会受很严重的伤。

从妈妈的陈述中探寻例外有两种可能。

治疗师 （对布兰登说）所以，有时打斗变得很激烈，会让妈妈担心，还有……如果我没听错的话，有些时候其实也没那么激烈。那你是怎么做到的？你是怎么没让打斗变得很过分的？

或者：

治疗师 所以虽然大多数时间会有打斗，但偶尔也有例外，对吗？让我多多了解一下那些没有打架的时间里发生了什么。

9岁的杰克和他的妈妈是我第一次实习时的当事人。杰克因为违反学校安全规定而被停学。校方告知他的妈妈，除非出示杰克参加心理咨询的证明，否则他就不能重回学校。校方拿到他们预约了心理咨询的时间安排表后，允许他在停学三天后重回学校。我与他们见面时，杰克已经重新上课两天了。杰克的妈妈告诉我他曾用小剪刀刺其他孩子，又用铅笔划他们，还威胁要砍他们。为了处理孩子停课和预约心理咨询的事，杰克的妈妈有几天没去上班了，这让她非常苦恼，因为无故旷工三天以上会令她失去工作。询问了一些关于学校的事后，我意识到孩子已经重新回学校上课了。

治疗师 等等，所以你已经重回学校两天了，他们同意你继续去上课？他们怎么会让你留下？
杰　克 我没做什么坏事啊。
治疗师 你被停课了三天，然后重新回去上学，而且没有干坏事？那你做了些什么呢？
杰　克 遵守校规，听老师的话，嗯，不理那些欺负我的人。
治疗师 哇，你是怎么想到这些办法的？

在这次会谈中，我们用了大部分时间来讨论杰克成功的两天和他停课前表现良好的那些日子。我们掌握了许多有关杰克如何做到、谁发现了、他做了什么、他在哪儿的种种细节，并且预测了未来的日子将怎么样。

请注意，我们没有接着专门谈论欺凌的事情，尤其是没有把它作为"坏"行为的前提。

当事人会描述两种类型的例外：有意而为的和随机发生的（Berg，1994）。其中，有意而为的例外是可以被具体描述和重复的，例如：

孩　子　我上星期的拼写测验做得还可以。

治疗师　你是怎么做到的？

孩　子　我不知道。（停顿）我很专心。我听了要拼写的全部单词，然后把它们都写在了本子上。

治疗师　哇，那这对你的拼写测验有用吗？

孩　子　是的。

接下来，当事人和治疗师可以讨论这是不是当事人想多做一点的事情。

在随机发生的例外里，孩子解释不了这是怎么发生的，或者会认为这是别人或其他什么东西的功劳。"我不知道，我醒来后就觉得比较开心了"，或者"老师很好，给了我们很长的课间休息时间"，或者"公交车上有一个空座位"。由于当事人不能重复例外，我们需要不断地询问各种问题，直到发现那些在其可控范围内可以强调的事情。可能的追问包括："当它（随机的例外）发生的时候，你的生活有了什么不同？有了很长的课间休息时间，你下午过得如何？如果你妈妈察觉到你有某些不同，那会是什么？你觉得这对妈妈有什么影响？还有谁会察觉到？如果我有你某天早上醒来觉得比较开心的录像，我会注意到你身上哪些与这有关的线索？"这些追问可能会引出可重复的行为。孩子常常将自己不端的行为辩解成他人的过错。因此，他们表现好的时候看上去就像是随机的例外。有创造力的孩子和精诚合作的治疗师往往可以发现其间有意而为的例外，从而建构解决之道。

烦扰管理

> —— 他们老是来烦我，给我惹麻烦，这就是我生气的原因。
> —— 我相信有时候，偶然间的，尽管其他小朋友会来烦你，但你有一些聪明的方法来击退或不理他们。

约翰因挑衅同班同学而被转介过来。他希望他们不要烦他，好让他好好玩和做功课。他表示自己好斗是其他孩子的错，而自己无须为此负责。"他们老是来烦我，给我惹麻烦，这就是我生气的原因。"我认同被烦扰是让人生气的合理原因。随着对约翰的深入了解，他还告诉我他喜欢露营、钓鱼等户外活动，因此同学的干扰导致他失去课间休息时间让他特别生气，继而做出不好的行为。

我决定根据他对户外活动的喜爱来进行提问。"在野外的时候，你有没有被蚊子叮咬或者被虫子滋扰过？"他说这是一个很常见的问题。"你是怎么避免被蚊虫叮咬的？"他告诉我在蚊虫密集的地方，他会使用驱虫剂，穿长袖、长裤，并把裤脚塞进靴子里。我问他有没有试过在被咬后继续玩耍或钓鱼，而不受蚊虫的影响。他说当然试过。他说只要不挠痒，被蚊子咬的地方很快就会消肿。他还跟我分享了一种自己常在被咬后涂抹且可以快速止痒的药膏。他说如果看到蚊子停在手臂上，他会把它们拍死以预防自己被咬。我问他鱼是怎么对付虫子的。"把它们吃掉！""那如果鱼不饿呢？""鱼会从这些虫子旁边游过，然后去和同伴们一起玩。一群鱼，你懂吗？"我们听了他关于鱼的笑话都哈哈大笑。

我写出以下处理虫子的技巧：

» 尽可能保护好自己。使用驱虫剂。

» 如果你被虫子咬了，不要挠，会越来越严重的。

» 有时候可以忽略它们。

» 拍死或者吃掉它们。

我告诉约翰，他在户外对付虫子方面真是个专家。我给他解释昆虫学家是虫子方面的专家，而且我好奇是否存在"校园烦扰专家"，如果存在的话他们会做些什么。他认同可能存在校园烦扰专家。

治疗师 我相信有时尽管其他孩子烦你，你也会有聪明的办法来让自己忽略这些烦扰，是这样的吗？

约　翰 是的，有的时候。

治疗师 可以分享一个你最近机智应对烦扰的例子吗？

约翰迎接挑战，想出了一个应对学校烦心事的有效办法。他意识到当自己在学校被烦扰的时候，去踢打同学只会令事情恶化，就像抓挠蚊虫咬的伤处只会令自己更痒。约翰仍坚持是其他孩子的错，但他也认为自己需要更加懂得如何处理和应对这些烦扰。尽管他有权保护自己，在必要时进行防卫，但他也知道可以先试试很多其他的办法。

在约翰的案例中，我们找出那些他能应对困扰的情境。问题通常发生在特定的社会环境（如在家里，而不是在学校里）、关系（与父母，而不是与祖父母）和场所（在游乐场，而不在足球场）中，而非其他情境中（Berg, 1994）。例外是指寻常（问题）模式发生了改变。根据茵素·金·伯格（1994）所说，若问题没有发生，"工作者和当事人需要一起寻找让问题不会发生的人物、事件、时间、地点和方法。换言之，即问题发生的模式是如何被改变的"（p. 91），或有什么不同的情况出现。若当前的情况特别困难，我们可以想象一台时光机（Selekman, 2010），把家庭带回那让人愉悦、享受或轻松的过去，找出过去的例外。我们需要探寻所有那些当时起作用的细节，并继而找到那些对当下状况有用的技巧。

用邀请化解挑战性行为

躲在桌子下（椅子后面、毯子下面）

治疗师 你坐在桌子底下挺好的，在这里你想坐在哪里都可以。我猜你也许有一些隐藏优势。我要把"隐藏优势"写在这张便利贴上，如果你想的话，也可以把它放到桌子底下。我很好奇你还有什么其他的隐藏优势。（停顿）妈妈，你肯定比我更了解你的女儿。莉莉有什么不是每个人都能发现的优势或能力？

妈妈 她唱歌很好听。她一个人玩的时候就会唱歌。

治疗师 唱歌好听，我把它写在便利贴上。她最喜欢什么颜色？

妈妈 蓝色。

治疗师 好的，这里有一张写着"唱歌好听"的蓝色便利贴。莉莉，你可以决定要不要把它收起来作为你的隐藏优势。还有其他的吗？

其他可能的问句还包括:"如果她的老师在这里,她会写些什么?莉莉,我相信你有些优势是我们没想到的,我们应该把它记下来。我们还应该写些什么呢?这里有些便利贴,你可以写在上面,或者告诉我或妈妈,我们来写。让我们来想象一下,假如治疗对你是有帮助的,可能有一些改变是只有你才能看到的,而还有一些改变是其他人也能看到的,我们怎样知道治疗已经完成了?"

在治疗室里横冲直撞和捣乱

治疗师　我很高兴你在看这里的玩具。我的办公室里有很多你可以玩的东西,怎么去玩和用它们来做什么都随便你。当然,我得确保人和物的安全。除了这个,这里没有太多规则。在我了解你和你妈妈的时候,你想堆积木吗?之后你可以决定是要继续堆积木还是把它们弄倒。我们应该堆多高呢?

治疗师有责任确保当事人的安全,并在治疗安排中发挥主导作用。治疗中是存在等级的,这里面有着权力之间的差异。与父母和孩子分享权力是一种慢一拍的引导方法(Cantwell & Holmes, 1994)。在一个尊重当事人、以当事人为中心的治疗模式下,目标和治疗成果以及实现目标的方法是由父母、孩子和治疗师共同创造的。

危机管理

愤怒、具有威胁的行为

在一次治疗小组中,有个孩子告诉我他宁愿在地上拉大便也不愿做我们为小组设计的事情。他当时说出的话更夸张,声音很大,也许还有一两段表述。除了试图缓和紧张的局面,我忘记我们具体是怎么应对的了。我遇到的另一个孩子,在与我单独在办公室谈话时告诉我,他偷了监护人的枪。作为一名新手专业人员时,我曾在拘留所监管一个十几岁的孩子,还受到过他的人身威胁。我也曾遇到孩子们在弄坏玩具或推倒桌子的时候,一直瞪着我。所有的这些经历都告诉我,愤怒、充满怨恨的儿童和青少年是什么样的,我们需要关注他们的痛苦,并且为他们时常混乱的生活做些什么。

» 情绪化的情境需要治疗师去救助或解决。这与我们所认同的"当事人具有优势"的信念相冲突。
» 保持协作,明确目标,寻求并关注微小的改变。
» 循序渐进,一次解决一个问题,从而建立联结和促进理解。
» 不要急于求成。快速行动虽然可以实现外部控制,但不能促进内在控制(Dolan,2000)。

危机当前,我们可以问这样一些问句:"什么事情可以让我知道,这会是有帮助的?现在我问你什么问题最合适?什么会使这个会谈起到作用?"这是一个询问应对方法、过去的解决方案和例外的好时机。"一个多小时前你就打来了电话,从那以后你做了哪些努力?你还在什么时候面临过巨大的挑战,然后你做了什么?那次你是怎么设法离开房间而没有继续打斗的?"合作并不意味着一切尽在控制中或彻底放弃控制,而是分享控制权。表达尊重、循序渐进,有时候能让我们事半功倍。

威廉斯先生闯进我的办公室。他很生气,在没有通知他的情况下,他的儿子就被转送往新的监护人家里。他是对的,机构出于尊重,至少应该事先通知他一下。虽然他的儿子受国家监管,由政府部门决定孩子的安身之所，然而威廉斯先生仍然是孩子的父亲。我邀请威廉斯先生与我一同坐下，让我了解这件事。他倚靠在我的桌子上，继续怒吼着。我试图了解他的担忧，但我也需要安全感和缓和局面。因为他没有坐下，所以我就站了起来。我拿起记事本，把脚搭在椅子上（幸好那天我穿了休闲裤），接着把记事本放在膝盖上。我说："你会这么生气肯定是事出有因的。请让我了解一下整件事。"我让他发泄了一会儿，边听边做笔记，听着听着就明白了情况。我放慢进度，把他说的话记下来，然后复述一遍，接着问他："我理解得对吗？我能怎么帮你？你有什么想问的吗？"我问他，在过去的几个月里，什么对他的儿子是有帮助的，从而寻找例外和过去的成功经验。这件事发生在大约25年前，所以我已不记得那次谈话的细节了，但我为自己的处理方式感到自豪。我觉得更安全了，他也得到了支持，我们还着手研究了下一步行动。我记得他在离开之前，对我能听他说话表达了感谢。他的处境很悲惨，他的儿子被州政府监护，他觉得自己快要失控了，觉得没人愿意听他说话，他说"我是他的爸爸"。我很高兴自己成为那个"没人听我说话"的例外。

在治疗性会谈中，识别和构建例外是一个强有力的工具。无论例外是有意而为的还是随机发生的，它们都可以被建构为解决方案中的重要部分。请继续关注下一章"未来游戏"，以便了解让想要的未来成为现实的各种方法。

【参考文献】

Berg, I. K. (1994). *Family based services: A solution-focused approach.* New York: Norton.

Cantwell, P. & Holmes, S. (1994). Social construction: A paradigm shift for systemic therapy and training. *Australia and New Zealand Journal for Family Therapy*, 15:1, 17–26.

Dolan, Y. (2000). *One small step: Moving beyond trauma and therapy to a life of joy*. Nebraska: Author's Choice Press.

Selekman, M. D. (2010). *Collaborative brief therapy with children*. New York: Guilford Press.

Weiner-Davis, M., de Shazer, S., & Gingerich, W. (1987). Building on pre-treatment change to construct the therapeutic solution: An exploratory study. *Journal of Family and Marital Therapy*, 13: 359–363.

5. 场景1：未来游戏
Scene 1: Future Play

让我看看当奇迹发生时，你在做什么。

　　鼓励家长和孩子讲述他们想要什么，而不讨论他们的问题，是一种特别的策略。但事实上，有时这也会令人感到有些困惑。所以，我们需要通过一些问句来引导当事人对自己想要的未来进行详细描述。例如："你是如何知道自己已经完成了治疗的？当一切进展顺利时，会发生什么？你还会做些什么？谁会注意到？"我用"未来游戏"一词来描述我们下一步要做的事，即让当事人进行表演，通过角色扮演，或者用语言或动作来排演他们想要的未来。这是一种充满丰富的成长可能性的方式，给孩子清晰而又令他们怦然心动的机会去预演他们想要的未来。

未来游戏

心理治疗以发现你的所有问题，并且对每个问题进行详尽讨论而闻名，如询问问题是什么时候开始的，最坏的情况是什么样的，有哪些人认为这是个问题，还有就是询问有关问题方方面面的细节。这对孩子和父母来说都是一个令人沮丧的过程，因为他们可能认为这种充满问题的生活是他们自己的错。

> 未来游戏就是利用游戏活动与角色扮演来勾画出理想的未来。

未来游戏通过语言和具体行动将对话转向未来。利用游戏活动与角色扮演勾画出想象中理想的未来的种种细节。体验式学习特别适合儿童，因为通过实践和练习喜欢的任务，孩子可以达到最好的学习效果。在数学课上，孩子经过一遍又一遍的加法练习，直至不假思索就可得出答案。他们还运用手指和叠加物件来计算数量。同样地，如果孩子与父母可以在治疗室里，通过未来游戏，用塑料盘子和食物模型来模拟晚餐场景，以礼相待，友好交谈，那么当他们再次坐在真实的餐桌前时，就会意识到理想的家庭用餐需要注意哪些方面。

如第三章所述，治疗师的工作是让孩子及其父母思考他们想要什么样的未来。我们应当聚焦于解决方案和有用的方法，而不是关注问题和那些没用的方法。治疗师需要辨别和利用任何有关问题行为的例外情况。例外情况就是指当问题可能发生但没有发生的时候。与其重述那些糟糕的往事，倒不如去想象美好的未来。

儿童善于描述他们想要的事物。如果能让孩子谈论自己未来想要什么，你就可以使他们朝着那样的未来前进。干预的一个重要部分就是让孩子对想要的未来做丰富而详尽的描述。

一些善于表达的孩子，通过指导可以口头详细描述出自己想要的未来，从而朝解决方案迈进。然而，年幼的孩子可能缺乏足够的语言储备及认知技能，做不到像青少年或成人那样。此外，还有一种普遍的情况是孩子可能不愿意与陌生的大人说话。他们可能会感到困难，甚至害怕参与治疗。而体验式活动为孩子提供了一个非语言的表达机会。如果孩子善于言辞并乐于交谈，那体验式活动往往还能带来更活跃的交流（Willis et al., 2014）。孩子虽然受语言能力的限制，但有着强烈的表达意愿和创造力，他们有能力提出自身的解决方案。

邀请孩子们参与游戏可以是指导性的，也可以是非指导性的，但无论如何，我们总要对孩子表达好奇和尊重，而不是提出命令或要求。"房子边上有很多人、动物和其他东西。"（我会将玩偶称为"人"，将玩具屋称为"房子"，以避免一些孩子可能因为"玩玩偶"而感到羞耻。）"我想知道哪些人今天过得不错（用孩子的说法）。我猜你肯定非常了解怎样才能拥有美好的一天。不如让我们先来教教他们怎么成为朋友。谁想学？（孩子指着其中一个玩偶）谁最了解如何变得快乐？（孩子指着其中一个玩偶）"治疗师可以扮演想要学习的那个玩偶。"谁知道什么是适度的悲伤？"给予较少的指导同样有效。"这里有很多你可以玩的东西。你想挑一些来玩吗？我们可以边聊边玩。"

情境案例：让孩子自己解决

第一次会谈

一个有六口人的重组家庭（第一章中已有提及）希望家庭成员之间能更好地相处。在第一次会谈中，我了解到孩子们有时会一起玩要,分享各自收藏的玩具,以及相互合作让早晨的时光变得更美好。他们发现他们想要的未来在一些早上正在发生。

第二次会谈

在第二次会谈及之后的每次会谈中,我询问的第一个问题都类似于:"有什么事情变得好一些了,哪怕只是一点点?"妈妈和孩子们向我讲述了几个进展顺利的早晨。我问他们这让一天中的其他时间会有什么不同,他们都能够找出那些积极的连锁效应。随后,我询问:"今天有什么重要的事情要聊?在我们一起谈话的这段时间里,你最大的期望是什么?"妈妈说虽然早上情况会稍微有所好转,但仍然发生了很多争执——四个孩子一起玩的时候,他们会又打又闹。我让四个孩子(约翰,5岁;阿莉莎,6岁;布兰登,8岁;悉尼,9岁)在房间里各自挑选一个"人"来"扮演"自己,让我看看大家相处融洽时,情况是什么样子的。他们拿着代表自己的物品在房间里走来走去,样子有点滑稽,但每个人都表现得很有礼貌。这时我提议:"假如你们之间有一些分歧,但你们解决得非常好。你们来决定这个场景应该是怎样的,5到10分钟后你们演给我们看吧。"

孩子们探讨了会出现的场景并为此争论了一会儿。在他们排演的同时,我和妈妈聊了聊每个孩子身上她欣赏的地方。随后,孩子们将场景的名字写在我准备的电影场记板上(图5.1),并向我们展示了一个关于抢着玩电脑和蹦床的场景,以及他们如何制定出了一个玩电脑和蹦床的分配方案。我采访了每个人,询问他们有什么办法可以让这个解决方案在现实生活中实现。妈妈也想出了几个问题和条件,然后他们带着下一周的计划离开了。我提议孩子们注意观察他们的兄弟姐妹做的什么事情是对这个计划有帮助的。

注：
好莱坞出品：让孩子们来解决。
导演：约翰、阿莉莎。
摄影：布兰登、悉尼。
日期：今天。
场次：1。
镜次：（带）我们出去哈哈。（此处是由"take"一词的不同含义引发的趣味联想。）

图 5.1　让孩子们来解决

第三次会谈

"有什么事情变得好些了，哪怕只是一点点？"我问妈妈她注意到了什么。她说她意识到孩子们能解决的问题比她想象的要多，所以她试着退一步，鼓励他们自己解决问题。事实上，孩子们也认为这是有帮助的，因为哭着去找妈妈再也不管用了。他们还说，他们向爸爸妈妈表演了他们制作的新剧，讲的是一个奇怪而有趣的外星人家庭正在想办法在地球上生活。

未来游戏的理念

在当下享受未来

多数情况下，未来游戏是对期望或理想的未来的预演，是一种掌握及亲身体验成功的方法。有时候，它也是一种机会，让我们可以获得某种并不一定存在的经验。琼斯一家前来与我讨论孩子们的妈妈即将离世的事情，让我帮助孩子们准备和应对失去至亲的哀伤。琼斯太太说她不害怕死亡，她只希望孩子们在自己离世后还能过得不错。

» 现在以及你离世后，你对家人最大的期盼是什么？
» 现在已经有的哪些资源是有帮助的？还有什么会有帮助？
» 描述一下你认为的"不错"是什么样子的。
» 在这种情况下，怎样算是好的应对方式？
» 那会带来什么样的改变？
» 有没有什么事情是你可能会错过，因此现在就想体验的？
» 有时候人们会在特别的日子里写信，如生日或节日。这样的做法对你会有帮助吗？

于是，这家人决定提前给三个孩子过生日。每个孩子和妈妈一起讨论他们想要什么生日礼物。15岁的女儿想试穿舞会礼服；9岁的女儿想要一场模拟的雄鹰童子军颁奖典礼；6岁的女儿想要一本年龄大一些的女孩看的书并去动物园参观。

在这个案例中，我们将未来事件发生的地点定在家里、餐厅、动物园和服装店。另外，我也让这家人在治疗室里创造和演练他们的未来事件。

这家人安排一个月后再来会谈，他们认为这段时间足够让他们安排各种活动。除了满足孩子们的要求，琼斯夫妇还提前3年举办他们的结婚25周年纪念派对，并邀请一些朋友来参加他们的庆祝活动。妈妈写了生日和毕业贺卡，嘱托爸爸到时候送给孩子们。他们把所有的活动用照片记录下来，自豪地向我展示他们的相册，并将它命名为"当下的美好"。

第二次会谈的两个月后，琼斯先生打电话告知我他的妻子已经去世了，他想再安排一次会谈"聊一聊"，他觉得孩子们的状况还不错。

用你的身体告诉我

我几乎在每次治疗里都会问这样一类问题:"当奇迹发生时,你的身体会做些什么?"当被问到这个问题时,孩子会很自然地展示出来。在后续会谈中,我可能会采取另一种提问形式:"让我看看你是如何做到的。"我请父母和孩子展现他们分享、合作、友好相处的例子,或者演示任何他们想要的未来的样子。这是一种快速且有效的方法,使抽象的想法具体化,让他们在一次会谈中有多次机会来预演他们希望未来会发生的事。

医疗箱

我曾遇到一位名叫乔希的 7 岁男孩,他被诊断患有糖尿病。他的表现一直有些奇怪,但他妈妈不知道这是什么原因,直到他遭遇医疗事故,性命受到威胁。被确诊后,他很担心自己要打针、要刺破手指来测血糖、要去医生那里复诊,还要告诉老师和同学自己为什么要注意饮食。为孩子提供具有现实操作性的玩具,不仅让他们有机会预演自己想要的未来,还能让他们掌握自己必须遵从的流程。乔希对目前的现实处境感到非常担忧。

治疗师 有哪些事情是你过去在幼儿园时很难做到,但现在轻易就能做到的?

乔 希 (笑)幼儿园的时候我都不识字。现在我读书很厉害,这个夏天我读了 15 本书。

治疗师 在幼儿园的时候你不识字,现在你一个夏天就能读 15 本书!哇!还有什么呢?

乔 希 嗯,变形金刚。我很会让它们变身。

治疗师　哦,让变形金刚变身挺难的。我有时也搞不懂怎么让它们变身。你妈妈说你现在要学一些新的东西,就是给自己打针和测血糖。我完全不懂这些,你可以教教我吗?

　　我把医疗箱给了乔希,告诉他可以利用游戏室里的任何东西来告诉我有关他糖尿病的事。我可能知道一些关于糖尿病的知识,但我对他的糖尿病一无所知,只有他自己最清楚。我想让他成为自己健康方面的专家。他决定让我扮演病人。他假装扎了我的手指,又捏了一下,然后安慰我说只会有那么一点疼。他用很多绷带给我包扎,检查了我的血压,又听了听我的心跳。作为病人,我表达了自己的忧虑。他拍了拍我的手说,一切都会好起来的。他的妈妈是他的第二位病人,她也接受了同样的治疗。在我的办公室里,孩子想用多少创可贴就用多少。我在医疗箱里放了一整盒。我记得当我还是孩子的时候,和我的孩子一样,我们都觉得创可贴看起来有神奇的治愈效果。我还问了乔希其他有糖尿病的孩子有什么烦恼,以及我需要多长时间才能适应。在下一次会谈中,他带来了自己真正的医疗工具箱,用自己的手指给我示范了一次真实的血糖测试。他说在小学的课堂上有一个演说日的活动,他将演示自己的医疗工具,并展现他在糖尿病管理方面的杰出能力。

　　幽默作家艾尔玛·邦贝克(Erma Bombeck)在她关于儿童战胜癌症的书里(1989)讲述了很多发生在儿童病患身上的故事,他们通过为毛绒玩具扎针和进行静脉注射来掌握自己的治疗程序,他们被诙谐风趣的有关义肢题材的笑话惹得大笑,并通过许多有创意且别具一格的方式度过艰难、可怕和痛苦的时刻。她采访了医院里的患儿,咨询了癌症儿童夏令营的营员及其家属。她认为这本书是属于他们的,她不过是把那些对他们而言重要的事情记录了下来。我很欣赏她在撰写这本书的时候采用的协作与非专家的取向。她写道:

当我在篝火旁读着原稿的前三章，想看看孩子们是否认同这本属于"他们的"书时，起初一片寂静，然后他们礼貌地说他们喜欢这本书，但又补充道："你得让它更有趣。"

"你说得对。"我说，同时把"更有趣"几个字写在黄色便签上。

"第一章全错了。"他们说。

"你们说的全错是什么意思？"

他们异口同声地说："第一章应该讲'我会死吗？'，因为大家刚被诊断的时候都是这么想的。"

（xxii, 1989）

孩子们知道他们需要谈论什么。他们更了解自己，而且往往愿意提出比大人能想到的更困难的问题。

表达性艺术

故事、音乐、美术、戏剧、诗歌和舞蹈都可以用来预演未来。一个14岁的女孩向我展示当她想要的未来来临时，她会如何跳舞。如果一个孩子表现出对某种艺术形式的兴趣，那这种艺术形式很可能是他们最好的表达方式。如果他们热爱舞蹈、音乐或美术，我会问他们如何用这种艺术形式来表现自己的未来。"你会听什么类型的音乐？为未来的自己写一首诗。你认为你会如何用艺术来表现事情正在好转？"

沙盘和黏土

一些治疗师会邀请孩子利用沙盘里的小模具来创造有关未来的画面或故事。黏土可以用来创造那些在好事发生时会出现的人和物。无论是过去和现在的成功或成就，还是对未来的期望，这些都可以通过黏土和沙盘创作表达出来。

木 偶

孩子可以选择用木偶来展示故事。又或者，每个家庭成员都可以挑选一个木偶来代表他们未来所需要具备的特征。木偶可以互相交谈、接受采访或讲述整个故事。

白板／美术用品

就像所有其他的表达性活动和玩具一样，美术适用于治疗的所有阶段。我把美术当作未来游戏的一种形式，让孩子画出一组连环画（就像漫画那样）来讲述奇迹发生时的故事。我请他们画上所有的细节。在这个未来的故事里，他们看到、闻到、听到、尝到和感觉到什么？我会提出问题，在丰富有关未来的细节时，我们还会加上想法气泡、景物和地点等。我好奇还有谁会注意到这些，他们会想些什么、说些什么、做些什么。白板和黑板似乎很受孩子的欢迎。可能因为孩子很少接触到它们，对他们来说它们好像是成人或教学的专用工具。我会问孩子是想用白板还是纸。在纸张选择方面，我有各种颜色和大小的，还有蜡笔、记号笔、铅笔、颜料、贴纸和亮片等。

运 动

"你瞄准／射击的目标是什么？你过去什么时候曾命中目标／投中球／得分？"我办公室里的磁性飞镖盘和篮球筐吸引了很多孩子。我用它们来玩"让我了解你"的游戏。"每扔一个飞镖或投一次篮，告诉大家一件关于你的事。"我还用它们来识别例外。由于孩子可能会射不中靶心甚至整个飞镖盘，我会通过改变游戏规则来为孩子创造成功的体验。我让他们走到飞镖盘前，把飞镖放在他们想放的位置上。我不会假定他们已经熟悉规则，或者认为靶心是最好的位置。相反，我们会自己制作一张纸质的镖靶，它可以是任何我们想要的形状，我们可以把孩子未来的目标写在纸上，每当他们完成目标时（显示未来正在发生的事件），即便只完成了些许，就把飞镖投在该目标上。在投掷一连串飞镖的过程中，我们仿佛已经活在了未来。无论孩子对哪种运动感兴趣，运动都可以成为建构他们解决方案的工具。

在青少年管教所工作的时候，我们可以选择多种多样的娱乐方式。无论是打篮球、散步、打桌球、打乒乓球或任何你能找到的娱乐活动，都会对治疗和治疗关系有所帮助。在封闭的场域里打败你的治疗师或管教人员/警卫往往会让人很有成就感。一起玩游戏可以是治疗的一部分，但不一定非得是"治疗"，有时也可以只是一场游戏。

麦克风、采访和书信

我的办公室里有一个真的麦克风，是我在一家二手商店买的。它可以在进行采访时派上用场。我们会挑选未来的一天（当奇迹完全显现的时候），我会采访孩子或他们的家人，询问他们哪些成功的事情已经发生了。这个活动与"一封来自未来的信"的活动很相似（Dolan，1991），后者是让孩子想象自己身处想要的未来，然后邀请孩子给他们的朋友或过去的自己写一封信，在信里告诉对方现在所发生的美好的事情。当然，采访或写信也可以是一种回忆的方式，让孩子回顾自己是如何想尽种种办法度过困难时刻的，他们从这一经历中学到了什么，或者他们想教别人些什么。

用科技记录奇迹

孩子可能有自己的手机、社交媒体账号、电子邮箱或者习惯发短信等。如果他们没有个人电子设备，他们肯定也认识这些科技产品，并且可能希望自己也能使用这些产品。有的时候，在治疗会谈中，尤其是年龄稍大些的儿童和青少年，他们的手机不是在手里就是在口袋里。对更年幼的孩子来说,他们可能会用父母的电话、我的电话,或者我办公室里的一个真的(但没有接线的)电话。我们可以用拍照、写信息、发帖子,甚至制作视频的方式,记录当下正在发生的、属于未来的成功时刻。

演出学校的故事

许多孩子喜欢假扮老师,尤其喜欢率领全班的学生。谁都可以是他们的学生,包括治疗师、父母、其他家庭成员、玩偶或动物等。如果我们讨论到的奇迹是"拥有朋友并成为一个好的朋友",那么我会让他们扮演老师,来上一堂关于友谊的课。我通常扮演一个好奇的(也可以说是倔强的)孩子,充满疑惑,并且不断询问老师更具体的做法。

"未来游戏"是我创造的一个专有名词,简单来说就是以各种表达、体验和肢体活动把奇迹带到现实生活中。本书提及的许多解决方案都是未来游戏的例子。未来游戏需要我们与共事的孩子和家庭共同创造。通过迎合他们的兴趣,利用他们的技巧、能力与热情,我们可以用充满丰富成长可能性的方式来预演未来。

【参考文献】

Bombeck, E. (1989). *I want to grow hair, I want to grow up, I want to go to Boise: Children surviving cancer*. New York: Harper & Row.

Dolan, Y. M. (1991). *Resolving sexual abuse: Solution-focused therapy and Ericksonian hypnosis for adult survivors*. New York: Norton.

Willis, A. B., Walters, L. H., & Crane, D. R. (2014). Assessing play-based activities, child talk, and single session outcome in family therapy with young children. *Journal of Marital and Family Therapy*. 40:3, 287–301.

6. 创建评量
Create a Scale

在1—10分的量表上,10分意味着一切都是你期望的状态,1分代表相反的情况,你目前是几分呢?

　　进行评量能快速有效地帮助我们掌握当事人目标的细节、评估当下的状况,以及制定实现目标的下一步行动。评量问句(Scaling Question)很容易被理解,并且能够清晰地呈现出当事人过去的成功之处和想要的未来。评量的用途较为广泛,儿童和成人都可以使用。结合玩具或活动来进行评量,往往能提升儿童参与治疗的投入度,因为这能使他们当下的情况及想要的未来具象化。如果玩具是孩子自己挑选的,或者评量与他们喜欢的活动有关,那么这不仅符合儿童的认知,富有趣味性,而且还可能提升他们对评量的认同感。

　　评量的步骤包括:定义量表、解释量表中10分(或最高值)所代表的准确含义、评估当前的得分、详细描述过去和当前的成功之处、最后厘清当分数上升1分的时候可能会发生的事情细节(de Shazer,

Dolan, Korman, Trepper, McCollum, & Berg, 2007）。在定义量表时，我喜欢用更大的数字代表理想状态。根据我的经验，孩子通常认为越"多"越好。

跳房子游戏的"快乐点"

"H. O. P. S. C. O. T. C. H."（跳房子）的缩写是有意义的，因为孩子对游戏的热爱是一种富有创造性的力量，有助于促成美好的干预治疗。我会跟着孩子一起玩，并与其共同寻找一个对其及其家庭都有效的治疗方法。当我有勇气跟着孩子一起玩时，我们就能进入一个对孩子及其家庭而言独一无二且富有成效的治疗过程。

下文记录了一个5岁男孩和他妈妈第一次参加会谈时的情形。我问他最喜欢的游戏活动是什么。在各种游戏当中，他说他喜欢在课间休息时玩跳房子。妈妈认为儿子有时比较活泼和乐于助人，但她希望儿子能更在意她，不要大吵大闹，不要发脾气，也不要对他妹妹那么刻薄。我决定好好利用他对跳房子游戏的喜爱。孩子最喜欢的游戏活动通常都可以被转化成一种用来评估其理想的未来的工具。这位母亲和她的儿子正是如此。在第一次会谈的5分钟后，我们开始将跳房子游戏作为量表来进行评估。

治疗师　我们边谈边玩跳房子游戏怎么样？
孩　子　好啊。（孩子看着妈妈并微笑）

孩子似乎很惊讶自己可以玩并谈论他最喜欢的游戏。我相信，他本以为我们只会谈论他有多顽皮。

治疗师 我去拿一张纸,让我们画一个跳房子游戏的图吧。你来帮我回想一下怎样画格子。

孩　子 从1,2,3,一直到10。

　　在共同绘制跳房子游戏的图时,我装作什么都不知道,因为这样可以让孩子成为自己喜爱的游戏的专家,继而成为自己的量表和解决方案的专家。

　　(孩子和治疗师一起在纸上画出跳房子游戏的图,并练习用手指跳,同时也邀请妈妈用手指玩跳房子游戏。)

治疗师 让我们像玩跳房子游戏那样来聊聊你的生活吧。我们假设10分是终点,可以吗?你想去那儿,对吧?

孩　子 是的。

治疗师 假如10分是"快乐点"(孩子之前描述目标时的原话),那里的一切都非常好,1分只是开始,也许是你发脾气的时候(妈妈的原话),或者甚至是0分,也就是你还没开始,而10分是最好的。

　　这里很重要的是使用孩子的原话("快乐点"),或者一些他们有共鸣的说法来解释10分和1分。因为这样制定的量表对孩子来说才有意义。

孩　子 "快乐点"。

治疗师 "快乐点",我们可以把它写在最上面吗?

　　不做假设,通过征求孩子的同意和进行澄清来表示尊重。

孩　子　好的。

治疗师　我们对10分还有什么要补充的吗？怎样才能让它成为"快乐点"？

孩　子　拥有美好的一天。

治疗师　哦，怎样才能拥有美好的一天呢？

孩　子　非常开心而且充满活力。

治疗师　你能举一个非常开心而且充满活力的例子吗？

仔细倾听，在下一个问句中使用孩子刚才的回应里提到过的用词，从而引发孩子对细节进行描述。重要的是，我们应当保留孩子原有的用语和意思。

孩　子　充满活力是指你真的很开心、很兴奋。

治疗师　哦，那在你充满活力和很开心的时候，你是不是在做一些特别的事情？可以让我看看你的身体当时在做什么吗？

"当你……的时候，你的身体在做什么？"这个问句是获取行为细节的好方法。

孩　子　玩或者跑步。（孩子做出原地跑的姿势）

治疗师　还有什么呢？

对10分的行为做详细描述，可以使想要的未来变得非常具体。

孩　子　翻跟头。

治疗师　你能翻一个吗？可以让他翻跟头吗？（妈妈点点头，孩子翻

了个跟头）

治疗师 哇！

治疗师 当你在"快乐点"的时候，你的身体还会做什么？等一下，我得把它们写下来。好的……跑步、微笑、翻跟头。好的，还有什么呢？告诉我更多关于这个10分的"快乐点"！

当成人记录下孩子所说的话时，这其实在向他传递一个信息：他说的东西很重要。所有的记录都应该用印刷体来写，因为在这个男孩就读的学校，学生直到三年级才学习手写体。

孩 子 你还可以和朋友一起玩。

治疗师 和朋友一起玩。（写下）哦，你知道我有什么没记下来吗？

孩 子 什么？

治疗师 充满活力。因为你说过"充满活力"是"快乐点"的重要部分。

孩 子 是的。

治疗师 那就是说你可能会很忙，你的身体可以又忙又快乐，对吧？

这里我把"充满活力"改成了"忙"，但保留他原来的用词"充满活力"其实会更好。

孩 子 是的。还有放松。

治疗师 放松！太棒了！哇！（妈妈笑着点头，孩子也点头笑了）

妈 妈 你记住了这个词！真棒！

这是妈妈直接称赞孩子的一个好例子。

治疗师　太酷了！放松是一个好办法！那当你在"快乐点"的时候，妈妈会说些什么呢？她是怎么知道你在"快乐点"的呢？

我们还可以考虑用其他的问句来强调这个愉快的时刻："妈妈是怎么知道你很放松的？""放松的时候你会有什么不一样？"

孩　子　因为我站在 10 分的位置上了。

关注具体的回答，毕竟他才 5 岁。

治疗师　她会看到你站在 10 分的位置上。太好了！那她还会说什么呢？（对妈妈说）你觉得他会有什么样的行为呢？让他猜猜看。可以用这个词吗，行为？

这里我们需要和妈妈确认一下。不能假定我们会和妈妈用同样的说法。妈妈可能从来没有跟儿子说过"行为"这个词。

妈　妈　可以，行为。
治疗师　好的，那你会有什么样的行为呢？
孩　子　守规矩，听话，听从指示。
治疗师　这样做有 10 分吗？第一个是什么？守规矩？你是这么说的吗？
孩　子　是的。
妈　妈　（小声说）别把脚放在沙发上。（孩子把脚放下）
治疗师　哦，就像这样子？这是听从指示吗？她说让你别把脚放在沙发上，他马上就把脚拿开了。[1] 这就是听从指示，对吗？

---

[1] 治疗师本在对孩子说话，后转而对妈妈说。

这是一个善用(utilization)的例子(Erickson, 1954)。无论何时,当你有机会利用当下正在发生的事情,那就善用它,它能发挥强大的作用。

妈　　妈　是啊,做得很好,小伙子,只说一遍就听话了。(与孩子击掌)
治疗师　哦,这是另一个行为吗?说一遍就听话?我可以写下来吗?
孩　　子　可以。
治疗师　说一遍就听话。爸爸会怎么说?关于10分,他会说些什么?

日常生活中的关系问句可以为孩子的量表及未来行为建立基础。询问孩子,他的狗或他最喜欢的毛绒玩具会说什么,或者孩子的老师在孩子有10分那天会看到他有什么表现。

孩　　子　他可能会说"我们去坐马车吧"。(描述爸爸带他和妹妹轮流坐马车兜风)
治疗师　哦,坐马车。
孩　　子　因为有时候他会带我们去。有时候他带妹妹去,有时候他带我和妹妹一起去。
治疗师　哦,真有趣!
孩　　子　我们轮流坐。
治疗师　哦,好的。轮流坐也是"快乐点"的一部分吗?
孩　　子　是的。
治疗师　我应该把这个写下来吗?

关于将什么写在列表上,孩子应该享有最终发言权。如果你想记录下父母的想法,可以用不同颜色的笔来写,或者写在纸上的另一处地方。

孩　子	是的。
治疗师	看看我们的列表上都有什么！你还能想到别的什么吗？
妈　妈	这很不错，已经涵盖很多了。分享？和平地分享。在分享的时候不打闹。
治疗师	哦，如果不打闹的话，那会发生什么呢？
妈　妈	讲话的时候语言和善。
孩　子	嗯嗯。
妈　妈	有礼貌。
孩　子	是的，轮流。
妈　妈	表现得有礼貌。
治疗师	你最后说的是什么？
孩　子	轮流。
妈　妈	但是当我们轮流的时候，我们不是从别人那里拿走东西，然后就说这是轮流，这很不礼貌，对吗？
孩　子	是的，我们要有礼貌地跟别人说。
妈　妈	有礼貌地跟别人说能让你到达"快乐点"。

轮流是这个男孩的主意，表现得有礼貌是妈妈的主意：他们共同创造了"不打架"的含义。由此可见，他们在语言层面的交流创造了改变。

治疗师	你们能告诉我"轮流"是什么意思吗？你能假装你想要那个（孩子在会谈中不停把玩的玩具）吗？
妈　妈	请问我可以玩那个吗？可以轮到我玩了吗？（孩子递给她）谢谢。那如果你还不想让我玩呢？你会怎么礼貌地拒绝呢？

黄金时刻：妈妈通过演绎另一种可能性，来对她所教授的技能进行拓展。非常棒的未来游戏！他们成功演绎了如何轮流进行协商和礼貌地提出请求。

孩　子　嗯，我还在玩，但是你一会儿就可以玩了。
妈　妈　好的，太棒了。谢谢你！
治疗师　哇，太棒了！
妈　妈　很好，是吗？
治疗师　哇，这对我来说像是一件可以打10分的事。
孩　子　是的。
治疗师　（重述列表的内容）
妈　妈　还有不许在家具上跳来跳去，对吗？
治疗师　那么他要怎么做？
妈　妈　我们坐在家具上，对吧？但是不坐在咖啡桌上。我们是坐在什么样的家具上？
孩　子　坐在沙发或摇椅上。
妈　妈　是的。好好对待它们，才能用得久。玩具也是一样。
治疗师　坐在对的地方，站在对的地方。可以站在或坐在地板上吗？
孩　子　可以，没问题的。

我们花了大量时间讨论关于10分的细节。尽可能多地描述或演示10分行为的例子，可以帮助孩子体验理想的未来。有时候可以利用会谈一半或以上的时间来构建量表。每次引出一个10分的新例子，治疗师就会询问可以观察到的行为细节。

孩子生活中的重要他人，无论是否身处治疗室，他们的想法或构思都可以随时被添加到关于10分的描述当中。

治疗师 听起来他好像很懂规则。（妈妈点了点头）那么，这是一个好的表述吗？我把它们都称为"快乐点"。我们应该这么说吗？还是你有别的称呼？

孩　子 嗯，我们就这么说吧。

治疗师 你喜欢这个名字？好的。

治疗师 你能告诉我你当前在跳房子游戏量表上的哪个位置吗？10分代表一切都很好，1分代表遇到很大的问题。你现在有多接近目标？（孩子指出4分，然后询问妈妈）你认为他在哪个位置？

使理想的未来具体化之后，治疗师必须了解在1—10分或0—10分的量表上，他们现在有几分。

妈　妈 我想他现在已经快到10分了。

治疗师 此时此刻？太好了。那整体而言呢？

妈　妈 整体吗？可能4分比较合适。

目前已经有效的方法在孩子或家庭的生活中非常重要。如果量表上的分数是1分或更高，就需要详细询问他们是做了什么让自己得到这个分数。如果分数低于1分，问问他们是如何应对的。这一部分将在稍后的会谈文字稿中进行讨论。了解细节并衷心祝贺孩子已体验到的成功，可以为未来的解决方案创造更多的可能性。

治疗师 孩子，你和妈妈都认为4分是你现在的位置，而不是0分。

孩　子 是的。

治疗师 嗯，有4分之高。那么是什么让你拿到4分而不是0分或1分呢？你都快到一半了！让我们写出那些让你达到 4 分的事情。

当我回播这盘录音带时，我大声地对自己说："别说话了。"我应该只提问一次，然后安静等待。

孩　子　交朋友和分享。
治疗师　你常常这样做吗？哦，和谁分享？（孩子详细描述了他分享的对象——朋友和邻居）还有什么能让你达到 4 分呢？
孩　子　妈妈想让我收拾衣服的时候，我就去收拾自己的衣服。
治疗师　哦，你怎么知道她想让你这么做？她会说什么？你怎么知道她想让你这么做？

同样，我应该只问一遍，然后保持安静。

孩　子　她会这么说的。
治疗师　她会说……？
孩　子　来把你的衣服收起来。
治疗师　哦，就像这样！那你会怎么说？
孩　子　我会说："好的，我会去的。"
治疗师　哇，就像这样。这是其中一件有助于你达到 4 分的事情，对吧？
孩　子　对！
治疗师　你见过他这样子吗？
妈　妈　是的，他越来越会收拾衣服了。（孩子详细描述了他不同类别的衣服，以及该把它们放进哪个抽屉）
治疗师　哦，这些你都知道。

孩　子　是的。

治疗师　（称赞妈妈）这对他来说是一件很棒的家务，因为在他这个年纪，他正在学习分类整理，把哪些放到抽屉里，把哪些挂起来。

妈　妈　没错，他确实喜欢分类。你还做过哪些类似的事情呢？

妈妈说到她先前在读儿童发展方面的书。因此，与孩子成长相关的称赞对她来说非常重要。

孩　子　我会分辨红色、白色，还有毛巾，我会把它们拿过来给她洗。

治疗师　哇。这是一件有趣的事！你全部都做到了？

妈　妈　他是个好帮手。

治疗师　你能告诉我一些让他高达 4 分的事情吗？

妈　妈　高达 4 分？嗯，他在该做作业的时候做作业，是吧？当我说现在是作业时间，你就会去做作业。

孩　子　是的，我还会读书。

妈　妈　好吧，我从成人的角度来看待事情，我尽量避免太负面。4 分说明他做到了一些，但我们要说不止一次他才会去做，而 10 分表示他自己就能做到。所以他虽然做了这些事情，但还是 4 分，而不是 10 分。没有打架和发脾气那么糟，所以不是 0 分，但可以更好。你明白我的意思吗？

妈妈显然希望事情可以变得更好；同时，我们希望孩子能获得更多鼓励。她的问题将我们引向下一步——看看分数上升 1 分会是什么样子。这里的语言表述很重要。"当你有 5 分的时候，你将做什么？"假设他将达到 5 分，让他想象自己达到 5 分的情景，并且描述未来的状况将是怎么样的、会发生什么以及这么做会有什么不同。避免说"你需要做什么才能达到5分?",因为这听起来像是一件苦差事,或者像是在训斥或纠正孩子。

治疗师　是的。这是一个非常好的点。他现在能做到4分,并且知道如何做到这些事情。当他在10分的时候,只用说一遍他就能把这些事情做好。我们说,10分的时候,他会听话并且立即去做。

治疗师　让我们想象一下只把分数提高1分,到5分。当你达到5分的时候,你认为你会做什么?(妈妈和孩子陷入了思考)

给予孩子思考的时间很重要。在这个案例里,我想孩子可能会对这个问题感到困惑,所以我澄清了一下。

治疗师　你可以把手指放在5分的位置上吗?当你在5分的时候,你会做一件什么事呢?(停顿)

治疗师　因为很多时候,你把这些事情(列表上的事情)都做得很好。你妈妈说最低分和最高分的区别在于说一遍你就去把事情给做了。我认为这是最主要的。你听一次就去做了,你知道规则,第一次听到就去做好它。

妈　　妈　所以4分的时候,我都在不断重复自己说过的话。我得重复一遍又一遍,你最后才会去做。而0分就会是一场可怕的争吵,不过我们已经有几个星期没这样了。或许,要达到5分的话,我就不用说那么多遍?他能够更听话。

治疗师　你通常会让他做哪些事情?

会谈会继续讨论"更听话"包括什么,并且治疗师通过不断询问

6. 创建评量 \ 095

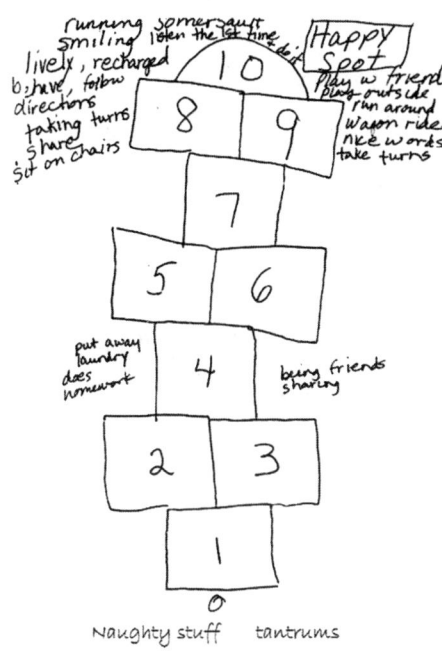

注：这幅跳房子游戏图详细记录了在0到10分的量表上，不同分数代表什么具体的行为，如0分代表"做捣蛋的事"和"发脾气"，4分代表"收拾衣服""做作业""交朋友""分享"，10分是"快乐点"，包括"跑步""翻跟斗""微笑""充满活力""放松""守规矩""听从指示""轮流""分享""坐在椅子上""说一遍就做到""和朋友一起玩""出去玩""到处跑""坐马车""有礼貌地说话"。

图6.1 跳房子游戏

"还有什么？"从而获得详细的描述。有时父母会说一些话，表达的意思是"他每次都做得很好"。这个时候治疗师可以说："这听起来像10分。当他朝着10分迈出一小步的时候，会发生什么？"

总结会谈

治疗师 你（对男孩说）能很清楚地解释当你在"快乐点"时会发生什么，也很善于观察自己所做的一切有帮助的事情。我还看得出来，你是跳房子游戏的专家。你们俩合作得很好，都喜欢笑，而且玩得很开心。（对妈妈说）我很钦佩你，你在儿童发展方面掌握了很多知识，而且你很好地把这些技能都应用到了孩子身上。你也很善于观察和赞美你儿子身上的闪光点。比如有时候你会跟他击掌或拍拍他的背。

母　子　（微笑，对视，击掌，大笑）

治疗师　在接下来的一周时间里，你可以想想这个量表，想象一下你的分数是多少。就像现在，在这个房间里，你觉得你的分数是多少？

孩　子　我觉得应该有5分。

治疗师　真的？已经增加了？

孩　子　是的，因为它在往上涨，1，2，3，4，5。

治疗师　所以你已经跳到5分了！哇！（对妈妈说）那你认为是在哪里呢？

妈　妈　我觉得你已经接近10分了，小伙子！

治疗师　此时此刻，在这个房间里，你认为他有10分？

妈　妈　是的。

治疗师　他听话，而且听从指示……

妈　妈　你没有到处乱跳。

　　这是一个询问他现在在做什么，而没有到处乱跳的很好的时机。"好的，他没有到处乱跳，那么他在做什么呢？"

治疗师　哇，所以妈妈认为你现在有10分！你真的很棒。不如我把量表复印一份，这份让你带回家，我也保留一份。你还想再来吗？我们可以谈谈你这周过得怎么样。

孩　子　（点头）

妈　妈　好的，这是个好主意。

治疗师　在我们的谈话中，你喜欢什么？

孩　子　我们一起玩这个跳房子游戏。

　　"你喜欢跳房子游戏的什么？"如果有时间的话，我会去了解更多关于跳房子游戏如何产生帮助的细节。

治疗师 很有趣,是吧?(对妈妈说)你喜欢什么呢?

妈 妈 我也喜欢这个。我觉得它很不错。它可以让我们了解自己情绪的高低起伏,以及我们是如何对待彼此的。我觉得这样很好,我们可以每天都这么做。或者,如果我们经历了一个特别好或特别糟的时刻,我们就可以说,哦,我们现在有几分,或者,看看这个,这是我们的分数!

治疗师 或许我可以在这方面给你一点指导……(妈妈点点头)如果你注意到他在 2 分的位置,你可以说:"天哪,你有 2 分,你不是 0 分,因为……或……我不知道今天能不能看到你有 3 分,让我瞧瞧。"然后……(舒展的姿势)

我问她是否允许我给予指导,并等待她的同意。我常常有礼貌地鼓励父母去关注和谈论当孩子的问题不存在或理想的行为出现时,他们的表现会如何。

妈 妈 这很好。不过,这对我来说还有点困难。

治疗师 找到任何进展顺利的事情以及所有你想强调的事情,然后把它们当作挑战或好奇的点提出来,而不是去责备。

妈 妈 嗯,好的。

评量工具

只要我们的办公室里有儿童,就可以有很多独特的方法来创建量表。建立儿童量表最重要的一点是,注重量表与儿童的关联性。活泼好动的孩子可能喜欢动态的评量活动。热爱艺术的孩子可能更喜欢把量表画出来。对焦点解决游戏治疗师而言，治疗室有适用于儿童评量的玩具和充足的美术用品是一个好的开始。以下这些简单的工具可以帮助我们与孩子用他们感兴趣的方式合作。

评量板

需求是这一有效沟通工具的创造者。我制作了一块评量板（第二章的图 2.1）作为一个简单而有趣的工具，供临床工作者在与当事人进行评量式对话时使用。治疗师引导当事人描述想要的未来的细节，也就是 10 分的情形，把它们以文字或符号的方式写在白板上。在 1—10 分的量表上的另一端可以简单地写下当事人前来寻求治疗的原因。充分探索理想的未来后，请当事人说出他们当前的分数，并选择一块磁贴来代表这个分数；用文字或符号记录下使得他们达到当前分数的现在及过去的成功事例、优势、能力和应对策略；记录当他们的分数上升 1 分的时候将发生什么。评量板的具体且动态的特质，使其尤其适用于认知上处于具体运算思维期的儿童（Piaget, 1970）。记号笔、磁贴和白板的运用，有意地融合了视觉、触觉和听觉，为有形且多感官的活动提供了理想元素。

梯 子

利用玩具屋里的梯子，或者用胶带在地板或墙上贴出一个梯子，可以让孩子在构想自己理想的未来时有机会把手指或身体移动到 10 分的位置。我们可以在便签纸上详述各个数字代表的行为或事件，然后把它们贴在相应的梯级上。与其他评量式任务一样，引导孩子说出关于 10 分的详细描述，询问当前的分数，最后想象一下当他们再爬上一级台阶时会发生什么。胶带做的梯子不但便于携带，而且还有个优点，我们可以在梯子上写写画画，记录任何细节。

地上的台阶

对于好动的孩子，我们可以利用整间治疗室作为量表。让孩子选择房间里他们想用来代表 10 分的位置，然后使用便利贴、图画或文字来详细描述房间里代表 10 分的这个点。我们还可以询问一些问题：这个 10 分的点叫什么？在 10 分的时候，谁和你在一起？你会在哪里，学校、家里还是社区里？在房间里标记好起点、问题或是让孩子来寻求治疗的原因后，我们会邀请孩子从 1 分走到 10 分，走遍整个量表。然后请他们展示，到现在为止的生活中，他们在量表上走了多远。

改编的游戏

许多游戏都可以被改编为评量式对话。像是跳棋、叠叠乐、四子棋、弹珠、保龄球和游戏棒等游戏，它们都有 10 个或以上的棋子或部件，它们可以被移动、堆叠、收集和赋予含义。如堆积木、拼乐高、串珠这类活动都可以通过简单的改编用于评量式对话。

评量合作目标

图 6.2（Visser, 2010）展示了另一种探讨关于设定与评量合作目标的有效方法。纵轴 1—10 分代表儿子的目标；横轴 1—10 分代表妈妈的目标。象限 A 表示没有实现任何目标。象限 B 表示妈妈（右下）或儿子（左上）其中一位实现了目标。让妈妈和儿子讨论对他们而言重要的事情，并将其填在图表中象限 B 的位置。然后，治疗师可以说："让我们想象一下，在一定程度上，妈妈希望儿子安全的目标实现了，儿子希望多和朋友玩耍的目标也实现了，那会是什么样子？"下一步是在象限 C 中写出所有共同的解决方案。最后，从象限 A 的底

端到象限 C 的顶端绘制一条对角线，使它构成合作目标的 1—10 分。接下来提出评量问句："在 1—10 分的量表上，哪里代表你们的目标都实现了？你们现在各自在什么位置？你们曾到达的最高点在哪里？你们是怎么做到的？还有什么能让你们到达这个高度？想象你们的分数上升了 1 分，那接下来会发生什么呢？"

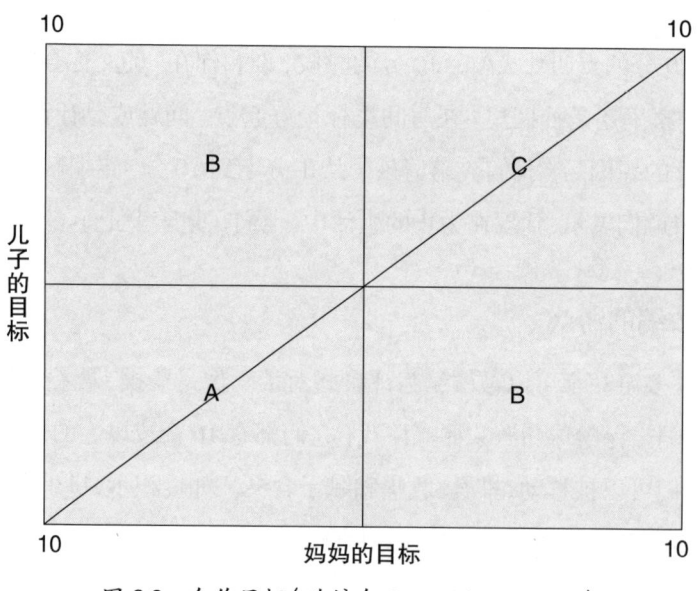

图 6.2　合作目标（改编自 Coert Visser，2010）

游戏式评量

游戏式评量（Play Scaling）是另一种积极且具体的评量干预方法，它以实物的形态呈现出当事人的每个分数。儿童和成人选择玩具或袖珍模型来代表他们在 1—10 分量表上的不同位置。游戏式评量是一个适用于多人参与的评量工具，它让每个人选择自己的道具，创造个人象征物来代表他们对进程的理解。以下内容节选自文章《焦点解决短期治疗与游戏式评量》（King，2013），描述了游戏式评量的流程。

我们可以这样介绍游戏式评量任务：

我想请你想象一个 1 到 10 分的量表，10 分代表你/你的家人可能得到的最好结果（用他们说过的话），即以你希望的方式取得成功、工作顺利、家庭和睦、和家人共处、有更多的游戏时间、约翰尼学业有成等。1 分代表相反的情况，例如那些让你前来治疗的挫折或困难等。

临床治疗师需要尽量使用当事人的原话来描述他们想要的未来，这些话很可能是由奇迹问句引出的（de Shazer et al., 2007）。"桌子上有各种各样的物件供你挑选，请选择一样或多样来代表（用他们的原话）量表上的 10 分，并选择一些来代表量表上的最低分。"通过提问来拓展对 10 分的描述——"你还想补充什么有关 10 分的事情吗？还有别的吗？""跟我说说这只鸭子（或任何当事人所选的物件）吧。鸭子和阳光有关系吗？"花更多时间找出有关 10 分而不是 1 分的细节。如果当事人想要多讨论一些关于 1 分的状况或问题，那就仔细倾听以表示理解他的难处，询问应对问句，并倾听当问题没那么严重时的情况，如此便可以将会谈引向例外和解决方案（de Shazer et al., 2007）。临床治疗师可以在纸上画一条线来表示 1 分和 10 分的位置，当事人也可以将桌上他们认为合适的位置视为 1 分和 10 分的位置（King, 2013, pp. 313–314）。

一旦详细记录了 10 分时的情况，临床治疗师接着就可以提出一系列评量问句。如本章前文所述，询问当前的位置以及当分数上升 1 分时会发生什么。采用游戏式评量（或任何表达性沟通工具，如玩具）时，当事人可以选用玩具或符号来代表其他分数。

用艺术来进行评量

对许多孩子来说，艺术是一种自然的表达形式。治疗师可以让孩子画一幅画来表达他们的困扰，以及他们希望取而代之发生的事情。这能够外化问题和解决方案（Freeman, Epston, & Lobovits, 1997）。图 6.3 展示了一个孩子所画的两幅画。左边的画显示了当"烦人恶霸"在欺负她时发生了什么，右边的画显示了当"烦人恶霸"不在身边时她做了什么。然后，这个孩子被邀请在两幅作品之间建立一个量表，并指出她与"超级小鹰"的距离有多近，"超级小鹰"是她为 10 分时的自己起的名字。

图 6.3 烦人恶霸

注：左图是孩子画的"烦人恶霸"，"烦人恶霸"给她带来了"很多烦恼"。右图是孩子画的"超级小鹰"（充满自信的自己），周围是孩子关于"超级小鹰"的一些想法，如"公园""在朋友家玩""开合跳""电视""填色""游泳""跳绳""好朋友""荡秋千"。图下方是基于"烦人恶霸"和"超级小鹰"建立的一个 1—10 分的量表，孩子指出了当前的分数，周围是孩子的一些想法，如"你按我说的做""你很可恶""离我远点""拜拜""我更强大"。

另一种使用艺术的方式是让孩子画一些他们感兴趣的东西，然后把它们变成量表。一个 10 岁出头的小女孩向我解释说，她很想要一部手机，但她妈妈告诉她这是要她自己争取的。这就自然而然地成了一个量表（图 6.4）。妈妈和女儿一起决定发生什么事情可以表明她有足够的责任心拥有一部手机，这是她们定下的目标。女儿说自己目前

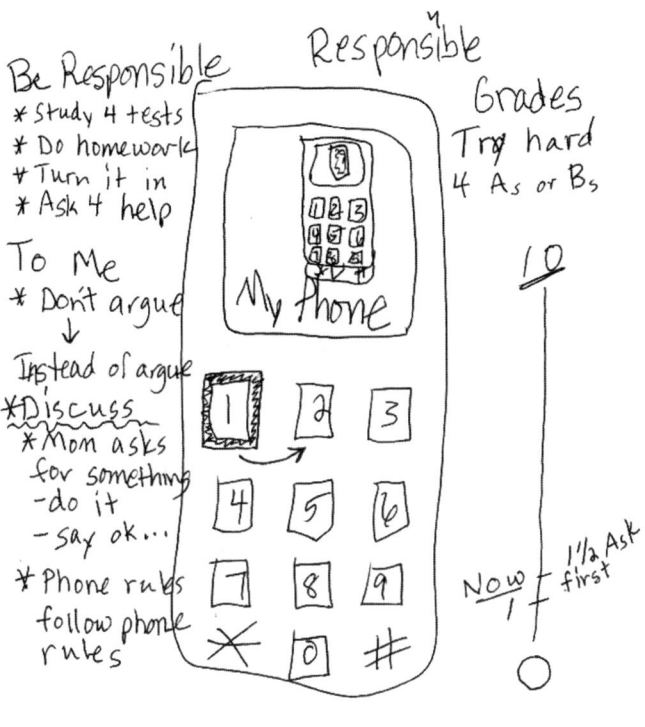

图 6.4　我的手机

注：小女孩在画的手机上写下了"我的手机"，在她看来，手机与"责任心"息息相关，手机左侧详细记录了对她来说何为责任心——"为四门考试复习、做作业、交作业、寻求帮助"。有责任心代表"不吵架"，与其吵架，不如"讨论""在妈妈提要求时就去做""答应她"……同时要"遵守手机使用规则"。手机右侧是她的目标——在四门考试中得 A 或 B。

有 1 分。我问她是如何保持 1 分而没有下滑的，她说自己有时会交作业，妈妈还说她偶尔会做家务。这个练习使妈妈和女儿能够在谈话中表达明确的预期和愿望。

另一个 10 岁出头的小女孩通过绘制一条基因链（图 6.5）来描述她的生活和情绪。她给画取的名字是"我身体里的每个小细胞都很开心"。我们探讨了她的 10 分，她今天几分，以及"下一步"是什么样子的。

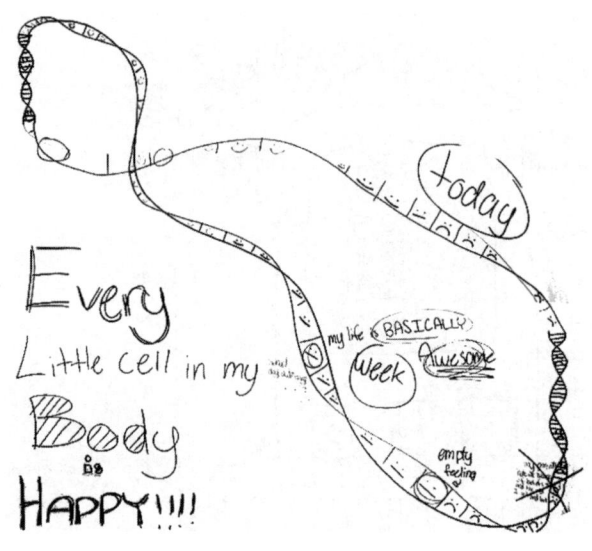

注：基因链的不同处标记了一些信息，如"今天""空虚的感觉""我的生活基本上都很棒""学校话剧试演莎士比亚的《皆大欢喜》(As You Like It)""我的父母因为我的观念、行为和外表讨厌我"等。

图 6.5　每个小细胞

量表的类型

虽然量表最常用于评量目标或想要的未来，但这并不是量表的唯一使用方式。像评量目标那样，其他量表也应当围绕当事人来确定 1 分和 10 分，在这个过程中尽可能使用当事人的原话。量表可以使对话变得具体，而且几乎任何概念都可以被评量，以下是一些例子。

信　心

问　题　在 1—10 分的量表上，10 分表示"非常确定"，1 分表示"一点都不确定"，对于自己能按时完成作业并交给老师，你有多大的信心？

回　答　大约 3 分。

问　题　是什么让你达到了 3 分而不是更低分……想象你稍微自信了一点，也许是 4 分，然后会发生什么？

其他有关信心的问题可能有：即使你现在不知道该做什么，但当时机成熟时，对于自己能够做出正确的决定，你有多大的信心？在你的生活中，谁对你最有信心？他们会说什么来表达他们对你有信心？

希　望

有时候，我们的当事人会觉得没什么希望。这时，希望问句（Hope Question）则可能有助于他们意识到自己拥有资源，有活着的价值，或者让他们开始想象一个充满希望的未来（Dolan，2000）。以下是一些希望问句：现在什么让你充满希望，哪怕只是一点点？你能用这卷胶带告诉我你现在的希望有多大吗？你可以把它在地板上展开，然后我们可以写下所有让你家人觉得有希望的小事情。你想出了一个绝妙的计划。你对维持这些行为抱有多大的希望？蜘蛛侠，猫女，你的狗、猫、老师、毛绒玩具、守护天使（提一些与孩子生活相关的人或物）会说什么来表达他/她/它对你抱有希望？

应　对

孩子和大人在难以应对的困境下会寻找渡过难关的方法。引出这些应对策略向当事人传递了一些信息——他们有复原能力，而且正在做或注意到了对生活有帮助的事情。危机当前，父母通常仍然去上班，孩子也去上学。他们可能会换一个住的地方，报警或是躲避攻击者，他们还可能在考试中取得不错的成绩，或参加俱乐部，或投入个人爱好。这些活动都可以被强调为有用的事情及有效的应对方式、优势或能力。

治疗师　面对这件可怕的事情，你似乎正在用某种方法来应对它。如果我们有一个量表，10分代表"在这种情况下你进行了最好的应对"，1分代表"根本无法应对"，你认为你现在有几分？

妈　妈　大概有 1.5 分吧。

治疗师　（惊讶地）是什么让你达到了 1.5 分？

妈　妈　因为至少现在虐待停止了。

治疗师　是的，没错。还有什么？

女　孩　我去上舞蹈课。

治疗师　哦，那有帮助吗？

女　孩　有，因为在跳舞的时候我就不会去想它了。我只是跳舞。

治疗师　今天在我们谈话的同时，我会让你来收集弹珠。从这堆弹珠中挑选一颗，然后告诉我火灾以后对你有帮助的一件事。

孩　子　我不知道。

治疗师　这是个很难回答的问题。（沉默）

孩　子　我的朋友送给我一个毛绒玩具。我抱着它哭。

爸　爸　我们去了动物园，这让我们可以放松一下。

治疗师　还有什么是有帮助的……你认为你接下来会做什么有帮助的事情呢？

想要活下去

"过去的几个月对你来说很艰难。在 1—10 分的量表上，10 分代表'即使不知道该怎么做，我也想活下去'，1 分代表'我不确定我是否想活下去'，你现在有几分？"

评量是非常有用的治疗工具。无论是画出来的、建造出来的，还是想象出来的，量表的具体化特质使其对孩子特别有帮助，它可以捕捉他们对未来的最大愿景，也能记录他们迈向未来的进展。善用孩子最好的想法、最佳的能力和最喜欢的活动来构建属于他们的个性化量表，这样可以带来许多乐趣。这种个性化还可以增强儿童和成人对治疗的认同感，并增强量表与他们之间的关联性。当我们与孩子一同构建量表时，可以让运动型孩子去行动，让艺术型孩子去创造，让分析型孩子去建立公式，让喜欢建造的孩子去建造，让跳房子游戏爱好者以他们的方式"跳"到新的解决方案上。

评量对设定目标和想象未来都是有效的，在应对困难和建立信心的对话中它也同样发挥效用。于我而言，评量是治疗过程中我最享受的部分之一。我希望这部分内容能给你灵感，让你在实务中与儿童和家庭进行创意性评量。

【参考文献】

de Shazer, S., Dolan, Y., Korman, H., Trepper, T., McCollum, E., & Berg, I. K. (2007). *More than miracles: The state of the art of solution-focused brief therapy*. New York: Routledge.

Dolan, Y. (2000). *One small step: Moving beyond trauma and therapy to a life of joy*. Nebraska: Author's Choice Press.

Erickson, M. H. (1954). Pseudo-orientation in time as a hypnotherapeutic procedure. *Journal of Clinical and Experimental Hypnosis*, 2, 261–283.

Freeman, J. C., Epston, D., & Lobovits. (1997). *Playful approaches to serious problems*. New York: Norton.

King, P. (2013). Solution-focused brief therapy and play scaling. *Journal of Family Psychotherapy*. 24:4, 312–316.

Piaget, J. (1970). Piaget's theory. In P. Mussen (Ed.), *Carmichael's manual of child psychology, vol. 1* (3rd ed.). New York: Wiley.

Visser, C. (2010). Using scales with multiple goals. In Nelson, T. S. (Ed.), *Doing something different: Solution-focused brief therapy practices* (pp. 57–59).

7. 优化创意
Optimizing Creativity

如果蜘蛛侠在这个房间里，他会怎么说？

焦点解决短期治疗的一个假设是，当事人是他们自己生活的专家，即孩子是自己生活的专家，父母是自己家庭的专家。焦点解决短期治疗是一种非常规化的治疗方法。临床治疗师不能仅仅因为他们治疗过"这样的孩子"或解决过"那样的问题"，就认为自己知道什么方法对特定的孩子会有效或有帮助。即使我们有诊断，也不一定能识别出孩子或家庭想要的改变，或者知道如何实现改变。解决方案可能与呈现的问题有关，也可能无关。解决方案是根据每个孩子独特的生活背景建构而成的。在孩子的带领下，缩小问题，拓展解决方案，这要求我们仔细倾听孩子的兴趣爱好、游戏活动和象征性表达，去认识他们想象中的朋友以及了解他们的超级英雄。

儿童与创造力

奇迹果实

> 等一下,奇迹果实?有特殊能力?跟我多说一点吧!

有时候,孩子们能轻而易举地向我展现治疗的奇迹。事实上,当我仔细倾听就会发现,奇迹在以惊人的频率不断发生。以下例子充分说明了这点。一个 10 岁出头的小男孩说《星之卡比》是他最喜欢的电子游戏之一。由于对《星之卡比》一无所知,我向他请教游戏的玩法。他告诉我如何开始游戏和通关升级,然后他描述了在某些关卡中我会看到一个"奇迹果实",我必须把它吃掉。吃完以后我会获得一种新的特殊能力(名为"超新星吸入"),我需要用它来克服障碍并完成关卡。在短短几分钟内,本来沉默的男孩在描述游戏的过程中变得活跃起来,他很高兴有一个大人真的在意他最喜欢的游戏。

治疗师　如果我们把你的生活变成《星之卡比》游戏的一部分呢?

男　孩　好啊,太棒了!

治疗师　让我们假设这个奇迹果实能在你的生活中起到好的作用,并且你用某种办法克服了所有的障碍。当奇迹来临时,你的生活会发生什么?

在接下来的 45 分钟里,我们详细地描述了他的奇迹画面。我问他将来会发生什么。"你的妈妈和继父会看到什么?你爸爸会怎么说?"他和父母都辨识出他已经拥有他所需要的特殊能力,并且明白这些能力会如何帮助他克服障碍。我谨慎地使用他的游戏术语,因为我们正在共同构建一个对他来说非常重要的人生游戏。我让他给这个游戏起名字,然后对奇迹进行评量。他明确了自己当下的位置,接着我们谈论起已经发生过的奇迹般的事件。我让他想象自己越过重重障碍,(在他的量表上)提升了1分。他能够很生动地描述提升1分是什么感觉。他描述时使用了现在时态,像他已经做到了一样。这次会谈对这个家庭和我来说都像是一个奇迹。

我不知道《星之卡比》这款游戏有多受欢迎,但对这个男孩而言,这款游戏帮助我们找到了创造他个性化奇迹的最佳途径。

在与儿童工作时,我曾多次利用他们喜欢的电子游戏展开治疗。另一个例子是6岁的安德鲁,他被安置在亲戚家。和他住在一起的阿姨琼说他在学校和家里会把大小便拉在裤子上,这造成了很大的问题。他的社交也受到了影响,他在学校感到很难过。琼说,这个问题是从他被带离父母并由她照顾开始的。

安德鲁击败"意外"

在我们会谈的前几分钟里,我了解到安德鲁喜欢画画,他还有一些喜欢的食物。玩《马里奥赛车》系列游戏中的库巴城堡赛场是他生活中最重要的事情之一。这个男孩的双亲有一位入狱,另一位无法稳定地和他一起生活,他心爱的保姆也遭遇了事故,玩电子游戏成了他的生活支柱。这是一个稳定、可预见的诉求。游戏时间被当作一种奖励。自从母亲入狱以来,安德鲁一直和琼住在一起。琼已经在电话里告诉我,安德鲁对自己几乎每天都在学校把裤子弄脏感到非常尴尬。她想为他寻求帮助,但她认为他不愿意谈论这件事。在对他们有一定的了解之后,我问他们希望治疗能够带来什么不同或更好的结果。他们陷入了沉默……安德鲁移开了视线。他努力装出在认真思考的样子,然后耸了耸肩。

治疗师 有时候人们想让某件事情变得好一些,或者希望某个问题可以消失。(耸肩)我要问你阿姨同样的问题,她可以先回答吗?

安德鲁 (点头)

琼 我希望他可以适应新学校和我们家,不要在学校和家里把大小便拉在裤子上。你也希望那样吗?

安德鲁 (点点头)我可以回答其他问题吗?因为我真的不擅长画库巴,但我想要画得更好。

治疗师 现在吗?你说的是什么?

琼 他生活在马里奥的世界里。他总是幻想自己是马里奥或路易吉。但这与我们来这里要做的事无关。

治疗师 事实上这会很有帮助。你能告诉我库巴长什么样吗,哪怕只是一点点?因为我对他完全不了解。

安德鲁非常乐意把库巴画出来,他觉得这样就不用谈论那些令人尴尬的事情。我对库巴和他在游戏中的角色一无所知,我需要了解角色的细节。库巴是个坏人,马里奥和路易吉是好人。库巴制造了很多麻烦,还有一群小库巴捣乱,阻碍马里奥和路易吉获得成功。

治疗师 如果库巴在你的生活中给你带来问题……他造成了什么大问题?

琼 是什么问题呢?

治疗师 是大小便的问题吗?

安德鲁看上去很窘迫,默默地盯着他的阿姨。

治疗师 你画完库巴了吗?(安德鲁点头)好的,这是另一张纸。请你画出当问题都解决了,你不再需要谈论它的时候,你是什么样子。

他画了一个微笑的男孩。

治疗师 我们应该给这个问题取个什么名字?这样就只有我们知道我们在说这个问题,其他人不会知道。
安德鲁 "意外"。

在接下来的 20 分钟里,我们一起画画,一起讨论安德鲁打败"意外"时会发生什么。他说,他的脑海里会出现"呜呼"[1]的声音,会告诉他的脚带他去洗手间。我让他假装自己现在就要去了,让我看看他会怎么做。他站起来,匆匆走出房间,走向洗手间,然后转身再回来。第二个星期,安德鲁和琼告知我,他连续 8 天打败了"意外"。他说"意外"甚至好几次试图捉弄他,但他都跳过了"意外",就像马里奥一样!这是焦点解决短期治疗与叙事疗法的结合(White & Epston, 1990),特别适合安德鲁。

创造游戏并将问题命名为"意外",给了安德鲁一个有尊严的方式来建构解决方案和击败"意外"。安德鲁说自己在"游戏获胜"的量表上已经有 3 分了,因为他在首次会谈的前一周里有 3 天"没问题"。他觉得如果他听从自己的身体指示,再多过一天"好日子",就会得到 4 分。

尽管下一个与你会面的当事人可能也有如厕的问题,但他可能会有一个完全不同的解决方案。

贾尼丝为她 6 岁的儿子路易斯和 3 岁的女儿玛丽预约了治疗(在第二章介绍过)。我们都知道路易斯喜欢玩乐高和小汽车,喜欢爬山

---

[1] 游戏中的马里奥驾驶赛车时会发出的声音。

和远足，还喜欢和妹妹一起玩。他有不少朋友，而且喜欢和他们一起玩。玛丽喜欢拥抱、玩娃娃、用厨房用具玩过家家。她喜欢和哥哥一起玩，和哥哥、妈妈一起玩乐高。贾尼斯关注并欣赏孩子做的那些有帮助的、充满温情的小事情，她喜欢和家人一起去远足，和孩子愉快地享受有规律的睡前时间。我给妈妈和孩子每人一本记事本，让他们写下或画出两件他们希望家里有所不同或变得更好的事情。他们写完之后，我让路易斯猜猜他妈妈写了什么。这个技巧，我称之为"猜谜游戏"，使用这个技巧时我会大方地奖励分数。正确（由孩子决定）或好的答案、好的提示、耐心等候、达成共识，或者任何你或家人觉得应该得分的事情都可以获得分数。当一项任务变成游戏时，孩子就会更投入。等贾尼斯和孩子把想法写下来，然后偷偷地把他们的笔记本藏起来后，我就让他们开始猜谜了。

治疗师 好的，你第一个猜什么？

男　孩 安静地休息。

妈　妈 这听起来很不错，但不是。

治疗师 给他一点提示。是你想要变得不同或更好的东西吗？

男　孩 我希望改变我的心情。

妈　妈 嗯，有点关系。

男　孩 哦！我必须改变，因为我发脾气，而且非常没有礼貌。

妈　妈 哇，他差不多说中了我的两个想法。

治疗师 再说一遍，你猜的是什么？我没听清楚。

男　孩 我忘了。

治疗师 等等，你是不是猜到了，还要猜吗？

男　孩 我猜到了？

妈　妈 你猜到了，但你还记得吗？

男　孩　不记得。

男　孩　如果我改变了心情,我就不会生气和做坏事。

妈　妈　生气这点说对了,必须要处理情绪的问题。但你之前说过了……

男　孩　我赢了!

妈　妈　……发脾气和没有礼貌。

治疗师　所以那是你的想法吗?

妈　妈　差不多。

治疗师　贾尼斯,他很擅长猜谜。

妈　妈　他是很擅长猜谜。

男　孩　来,猜猜我的。

治疗师　好的,让我们看看妈妈能不能猜出来。

妈　妈　是你希望在我们家里有所改变的两件事吗?

妈　妈　你想让妈妈少大吼大叫?

男　孩　不是那个。

妈　妈　不是那个。那是你想要的东西不止这些吗?你想让妈妈多陪你玩?

猜谜游戏让玩家提出潜在的解决方案和想法。母亲和儿子都想到了对方可能提出的要求。这个有趣的工具可以让人们意识到他人的需要,并且帮助他们理解彼此的愿望。

男　孩　不是那个。

妈　妈　这件事是我要做的,还是你要做的?

男　孩　(指着自己)

治疗师　哦,好的,这是个很好的提示。

妈　妈　你要做的？好的,嗯,是对妈妈和玛丽好一点吗？

男　孩　(摇摇头)是件傻事。

妈　妈　是件傻事。哦,如果它是件傻事,那它可能与大便或小便有关。

男　孩　哈哈。

治疗师　哦。

妈　妈　我觉得他是在开玩笑。

治疗师　所以这是个好提示吗？妈妈猜到了吗？

男　孩　是什么呢？

妈　妈　嗯,好的,这是开玩笑还是认真的？这是你真的想要改变的吗？你明白吗？

男　孩　是的。我想要改变这个。

妈　妈　所以你希望不要在不该小便的地方小便？

男　孩　你非常接近了。

妈　妈　好的。

男　孩　但你没有猜中。

治疗师　哦,她很接近了,就是这个思路。

男　孩　故意做的。

妈　妈　故意做的,比如在便盆外面小便？

男　孩　不是。

妈　妈　嗯,在地毯上小便？

男　孩　不是。

妈　妈　哦,尿在裤子里？

男　孩　故意尿在裤子里。你猜对了一个。

治疗师　好的,这是你的第一个想法,她完全猜对了是吗？

男　孩　嗯。

治疗师 你给了她很好的提示。

尿在地毯上和尿裤子是他过去所遇到的烦恼事。我们赞扬他提供了很好的提示,玩游戏玩得很棒,而且提供了一个很好的目标,使我们聚焦于未来而不是聚焦于问题。

妈　妈 我猜了好多次,对吗?
男　孩 是的。
女　孩 嘿。
妈　妈 宝贝,你有什么想法?这些是你想改变的东西,还是只是画?
女　孩 那里(展示画)。
妈　妈 这是什么意思?
女　孩 不可以!
妈　妈 是不可以的意思吗?你想让我们不要说不可以吗?
女　孩 是的。
妈　妈 好的。
男　孩 因为你是妈妈,你总是说不可以。
妈　妈 妈妈总是说不可以?以前他们也跟我说过这个。

这是一种很好的方法,可以让贾尼斯思考她能为孩子们做些什么有帮助的事。

治疗师 哦,你猜得没错。
女　孩 (展示第二幅画)这是可以的意思。
妈　妈 它代表了可以?
治疗师 所以这就是你想要的,更多可以?

女　孩　嗯。

妈　妈　好的,宝贝,我会努力的。

治疗师　哦,好的。哇,玛丽,你的画给了妈妈很好的提示。(玛丽继续心满意足地画画)

治疗师　让我问问你,贾尼斯,你的两个想法中,有没有哪一个符合路易斯的第一个目标——不再尿裤子?

妈　妈　我觉得是"恰当地表达情绪"。比如当他感觉到了什么的时候,不要尿在裤子里或地上,我们可以试试其他不同的做法。

治疗师　你认为妈妈是对的吗?这两件事情有关联吗?

男　孩　嗯。

治疗师　哇,看!你们有共同的目标。因此你们都能得分。所以,让我们看看,改变心情、恰当地表达情绪、不要尿在裤子里或地毯上,那你想要什么呢?

妈　妈　当他生气或者不顺心的时候,他就会发怒,变得没有礼貌,然后在不合适的地方小便。

治疗师　哦,我明白了,那取而代之,你希望……

妈　妈　他来跟我谈谈。

　　路易斯的第二个目标是玩另一款玩具。我建议玩玩具车和赛道。我们四个人设置赛道,然后我拿出小型建筑物和交通标志。在我们准备的过程中,我问了路易斯一些问题,比如他什么时候会和妈妈谈话,一天中什么时间最适合谈话,如果妈妈很忙,有什么好办法可以吸引她的注意力,以及有哪些表达不同意见的好方法。我们还讨论了司机是如何知道什么时候该停下车去上厕所的。我问他有什么交通规则。在这个过程中,有一段赛道反复断开,路易斯轻轻松松就修好了。我把握机会指出他的修理能力和抗挫折能力。

治疗师 啊,孩子,这里(赛道)又需要你的帮助了。

男　孩 也许另一种方法会更好。

治疗师 哦,好的。没问题,这真的很管用。(直接对妈妈说)我很欣赏路易斯看待问题的方式,他会试着去解决它,这很棒。人很容易就会沮丧,但他找到了解决办法,这真的太棒了。

我经常使用这种意有所指的称赞。当孩子听到成人互相交谈时,我认为他们会设想成人说的都是实话,而他们只是无意中听到这些有关自己的评价。

治疗师 那么,你在第一张纸上写你希望自己不再故意尿裤子,那你希望怎么样?

男　孩 在厕所里小便。

治疗师 哦,你有时也这么做吗?每当车子围绕赛道跑完一圈,告诉我一个关于小便的好办法。

路易斯在未来游戏中表现出色,他不仅找到了司机的服务区,还演示了让自己按时上洗手间的方法。我们花时间详细讨论了在什么地方可以大小便、他在正确的地方小便的次数,以及他是如何知道什么时候该去上洗手间的。我说:"假如你现在要去上洗手间,你会怎么做?"他回答说"跑",然后演示给我看他会如何跑到洗手间。路易斯非常兴奋,因为听到妈妈说他们去露营时他可以一起去。孩子常常乐于探索自己的身体机能,正如五味太郎(Taro Gomi)(1993)在热销书《大家来大便》(*Everyone Poops*)[1]中阐述的那样。

路易斯、玛丽和贾尼斯一起来参加第二次会谈。当我出来迎接

---

[1] 此书中文版由海豚出版社出版,译者为田秀娟。

他们时，路易斯刚从洗手间出来。他说他想要重新设置一次赛道，我们如了他的愿。玛丽大部分时间都在玩她带来的游戏，时不时向妈妈寻求帮助。

治疗师　记得……

男　孩　是的，我记得。

治疗师　……你写过的纸吗？我把它们放在了这里，这样我们就能把它们保存起来。你还记得你写了什么吗？

男　孩　厕所。

治疗师　是的，厕所。还有什么？

男　孩　嗯，我不知道了。

治疗师　嗯，这是第一个，厕所。是关于厕所的什么呢？

男　孩　别尿裤子。

治疗师　别尿裤子，上……

男　孩　洗手间。

治疗师　而是去上洗手间、上厕所。嗯，接下来你写了什么？

男　孩　跑。

治疗师　是的，你说了你的身体需要怎么做。

男　孩　像这样，跑得很快。

治疗师　然后是什么？

男　孩　然后，去大便。

治疗师　对，因为这是另一件你要在厕所里做的事，对吗？

男　孩　在厕所里。

妈　妈　拉在裤子里太恶心了。

男　孩　呃，我拉在裤子里了。

我不想让对话朝着这个方向继续,我想继续讨论解决方案。

治疗师 然后这个,我不记得这张纸上写的东西代表什么……

男　孩 洗手,冲水,还有……关灯。

治疗师 哇,所以刚刚你去洗手间的时候?

男　孩 我都做了。

治疗师 这些你都做到了?

男　孩 而且我是走过去的。

治疗师 是的,你是走过去的。有时候我们不需要跑。

男　孩 洗手间离我很近。

治疗师 是啊,没错。所以我很好奇,这周有什么进展,哪怕只是一点点?

男　孩 好吧,其实我没有做得很好,我尿在地毯上了。

妈　妈 嗯,我没有注意到有任何不恰当的事情,至于他说尿在地毯上,他应该没有……所以……

治疗师 好的。

妈　妈 他还专门抬起了马桶圈。

治疗师 真的吗?这是妈妈希望你能做到的事情之一?

男　孩 是的。

治疗师 真的吗?这么做有什么不同呢?

男　孩 这样我就不会尿在马桶圈上。

治疗师 这很有礼貌!我是说,这是件好事。所以你注意到他一直有抬起马桶圈,而且非常努力地记住,然后形成了一种新的习惯。

妈　妈 是的。

治疗师 而且他也没有在不恰当的地方小便。

妈　妈　对的。

治疗师　你知道妈妈注意到了这一切吗？

男　孩　是的。我眼力很好。我看见你在看。

妈　妈　你看见我在看你？

男　孩　是的。

妈　妈　这很好。

在这节会谈中，当路易斯说他尿在地毯上时，我有些困惑。他说这发生在20天前（我与他见面之前），就在我的办公室里。妈妈重申她没有看到他在任何不恰当的地方小便。然后她问他这是真的还是在开玩笑。他说是在开玩笑。妈妈在第一节会谈中也问过这个重要的问题。路易斯设置好赛道，然后把玩具厕所放到服务区。

治疗师　告诉我五个让你拥有这么多美好日子的办法。五件事。

男　孩　所有的东西。

治疗师　嗯，这思考起来确实有点难。

男　孩　我不知道。

治疗师　嗯。有没有什么东西是你的大脑必须思考的？你的大脑需要提醒你的身体，或诸如此类的东西？

男　孩　有。

治疗师　真的吗？比如什么？

男　孩　跑去洗手间。

治疗师　跑去洗手间。所以你的大脑让你的身体这么做？

男　孩　是的。

治疗师　哦。

男　孩　像猫那样跑过去。

治疗师　好的。你是如何做出决定要去上厕所的？

男　孩　因为我会被打屁股。

治疗师　哦,这是尿在地上的坏处。

妈　妈　显然。我从来没有因为这个打过他,但是……

治疗师　但是你感觉可以这么做。

妈　妈　是的。

治疗师　所以你说了两件事。再多想三个你做出改变的理由。因为你改变了主意,就像"我再也不尿在地上,我再也不尿在其他地方,只尿在厕所里"。

男　孩　漏油……（把车放在玩具厕所上）

治疗师　那里是厕所。哦,就连车子都知道它应该在正确的地方漏油,哈哈,这很好。告诉我,你还因为什么决定做出改变。

男　孩　它会爆炸。

治疗师　它会爆炸是什么意思？

男　孩　不能那么对厕所！

治疗师　不能那么对厕所？

男　孩　不然它会和尿尿一起爆炸。

治疗师　哦,那太糟糕了。那会变得一团糟,是吗？

男　孩　这太糟糕了。哦,把烟花放进去,屋顶就会被炸穿。

治疗师　所以你已经知道这是不能放进去的东西,只能放……

男　孩　大便和小便。

治疗师　大便和小便。整整一周你都是这么做的吗？

我得让我们回到正题上来。这是一个退后一步再做引导的例子。

男　孩　是的。

治疗师　他是怎么做出这个决定的?

妈　妈　嗯……

治疗师　因为你的任务是去观察,留意他在做什么……

妈　妈　让我们看看是为什么。我觉得让车子扮演需要上洗手间的角色可能会有帮助。但总的来说,他这一周表现得非常好。他没有很容易就懊恼起来,而是让自己冷静下来……

治疗师　哦,这之间有关联吗?

妈　妈　我觉得是有的,因为他没有发怒和随地小便,而是让自己冷静下来,也就没有变得更沮丧、更愤怒。

治疗师　他是怎么让自己冷静下来的?

男　孩　(开始用力呼吸)

治疗师　这是其中的一件事吗?

妈　妈　是吗?我没注意到。

治疗师　呼吸?

妈　妈　有一次他非常生气,我问他我能不能用毯子把他裹起来,就像墨西哥卷饼那样,这似乎对他挺有帮助的。

治疗师　这太有趣了,像墨西哥卷饼那样。你让她这么做了吗?

男　孩　是的。

治疗师　是吗?那你抱住"卷饼"了吗?

妈　妈　我没有抱住"卷饼"。不过我应该这么做,是吧?我还应该把"卷饼"吃掉。

男　孩　不要把食物放在厕所里。

治疗师　对,你不会那么做的。所以询问他是否需要帮助,然后把他像墨西哥卷饼一样裹在毯子里,这是一种很棒的感觉。这太有创意了,我很喜欢。你还发现了什么对他有帮助的事情?

玛丽高兴地玩着玩具。贾尼斯可以一会儿帮帮她，一会儿帮帮路易斯，并且参与谈话。我对玛丽微笑和眨眼睛，让她和我也保持沟通。

妈　　妈	我记得有一次他很生气，在我开车的时候朝我扔东西，那是绝对不可以的，因为这样我就看不见路了。为了帮他冷静下来，我们下车走了一小段路。那是一条乡间小路，所以在路边走也很安全。
治疗师	哦。因为行车要注意安全。
妈　　妈	嗯。当他回到车里的时候，也就是走了大约6米之后，他已经能够道歉和保持冷静了。在他情绪开始变得激动（越来越生气）之前，我就停了下来，问他要不要下车走一会儿。
治疗师	你怎么会有这种想法？你以前用过吗？有成功过吗？

我应该在问完第一个问题之后就停下来。她只回答了第二个封闭式问题。如果我不再接着问，她的回答可能会更详细。

妈　　妈	嗯。
治疗师	很有创意。我是说，你知道这是安全的做法。
妈　　妈	就像我说的那样，这一周他表现得非常好。这些就是我记得的事情，他一开始会生气然后又平静下来。
治疗师	你听到妈妈举的两个例子了吗？
男　　孩	没有。
治疗师	有一次你在车里朝她扔东西，这是违反规定的。
男　　孩	那是昨天的事。
治疗师	那是昨天的事。妈妈说你能让自己好好冷静下来。你是怎么做到的？

男　孩　走路。

治疗师　走路？

男　孩　一路走回家。

治疗师　走路有帮助吗？

男　孩　（点头）

治疗师　为什么有帮助？

男　孩　它就是有帮助。

治疗师　它如何帮助你平静下来？

男　孩　在路上的时候，我有一部手机，我打电话给妈妈。

治疗师　然后她在剩下的路上接你。

男　孩　是的，我走了一百多公里。

治疗师　是啊，我觉得这个故事有些夸张的成分，对吧？但最重要的是你冷静下来了，对吧？好的，然后另一个是……

妈　妈　墨西哥卷饼。当他难过时，我会把他卷起来。

治疗师　那这是如何产生帮助的呢？

男　孩　她扑到我身上，然后妈妈就被压扁了。

妈　妈　你又在编故事。

治疗师　告诉我真正的情况吧。

妈　妈　被裹起来是怎么帮助到你的呢，小伙子？

男　孩　吃很多很多东西。

治疗师　我看得出来你很有创造力。所以，让我们想象一下，在下周的某一个时候，你决定"要让自己冷静下来"。哦，在这里。（我把魔法棒[1]递给他）假如你能够施展魔法，拥有冷静的一天，你觉得会发生什么？

---

[1]　魔法棒中有红色和黄色的液体，液体中混有星星、月亮、爱心等形状的碎片。

路易斯在房间里跑来跑去，看看摄像机，收拾玩具，在地上打滚，做鬼脸。妈妈和我花了三分之一的会谈时间来反复引导他，尝试用新事物来吸引他的注意力。

妈　　妈　你在听吗，老兄？

男　　孩　是的。

治 疗 师　请你对自己施展魔法。（他挥动着魔法棒，我担心他会打到自己或玛丽）哦，挥一下就可以了，这样你就不会打到自己，因为好的魔法是不会伤人的。

男　　孩　是的，是这样！

治 疗 师　好的，你让（魔法棒里的）星星动起来了。

男　　孩　我想要那个。

治 疗 师　你能有礼貌地问一下玛丽吗？看看她会不会跟你交换？

男　　孩　我可以要那个吗，玛丽？

妈　　妈　问问她愿不愿意交换。

男　　孩　你要和我交换吗？这个更好一些。我会给你一个玩具马桶。我会给你一块糖。

妈　　妈　（对玛丽说）他没有糖果可以给你。亲爱的，看看这个，里面有爱心。不知道有没有紫色的爱心呢。

女　　孩　好的。

治 疗 师　哦。好的，让我们看看，让我们看看你是如何施展这个魔法的。

男　　孩　这个魔法奏效了。

妈　　妈　你知道自己在做什么吗？

我想贾尼斯和我到现在都精疲力竭了。几分钟前我就说了指令，但路易斯在地上打滚，我觉得他有些不配合。贾尼斯可能在想"欢迎走进我的生活"。

治疗师 让魔法奏效。来,坐起来。来,把手给我。我把你拉起来,坐起来。

男　孩 我不能。

治疗师 我觉得你可以的,你的身体很强壮。

男　孩 (把魔法棒举过头顶,看着里面的液体旋转)我正在往脑袋里倒东西。

啊哈,现在我又跟上他的节奏了。其实他一直在配合,只是我不理解而已。

治疗师 真的吗?有什么进了你的脑袋?

男　孩 聪明。

治疗师 聪明?

男　孩 我知道上厕所的时候我应该做什么了。

治疗师 真的吗?

男　孩 嗯。

治疗师 哇,有很多"聪明"进了你的脑袋。

妈　妈 看起来像真的进去了。

治疗师 确实是,看起来就像是倒进去的。有两种"聪明"进去了。是不是红色的"聪明"和黄色的"聪明"呀?

男　孩 黄色的是一般聪明,红色的是最聪明,我们把它们混合在一起,它就成了世界上最聪明的东西。

治疗师 哇,哪一部分能帮助你成为一个会和妹妹分享的好哥哥呢?是哪一部分呢?

这个问题不太适合当下的谈话。这也许更多的是我的想法（聚焦于解决方案），而不是他的，但这确实能将他与妹妹联系起来，想出办法让他们分享魔法棒。

男　孩　所有的星星、月亮和其他的东西。
治疗师　现在它看起来像是要去到你的心里。
男　孩　还有我的脑袋。
治疗师　最后进入你身体的是什么？
男　孩　爱。
治疗师　爱？你是这么说的吗，爱？
男　孩　是的。
治疗师　哇，它甚至是一颗爱心，不是吗？哇。那么，当你拥有所有的爱和所有的聪明时，我们怎么知道呢？我们会看到什么，让我们知道你拥有了所有的爱和所有的聪明？
男　孩　我不会小气。
治疗师　你会做什么来证明……
男　孩　做好事，做非常好的事。
治疗师　很好，比如什么？
男　孩　给别人一张创可贴。
治疗师　创可贴？
男　孩　我有自己的急救箱。
治疗师　哦，好的。这是件好事，这太好了。
男　孩　然后有一些会进来这里。
治疗师　所以你还需要更多的聪明吗？现在什么进去了？
男　孩　凉快。
治疗师　凉快？

男　孩　我需要凉快一下,因为天太热了。

治疗师　哦,今天真的很热。

男　孩　今天才刚刚开始呢。

治疗师　是的,现在还是大清早。可以让我看看你和妹妹和睦相处的样子吗?做些好事或说些好话。(男孩递给妹妹一个玩具)哦,这真不错!

女　孩　谢谢你。

治疗师　哦,她身上也有魔法,她说谢谢你!

妈　妈　是啊,再看看她的笑容。

治疗师　哦,她在笑。哦,好的,你还想要那辆车,让车子到处转转吧。

路易斯把很多东西堆在赛道上,想看看车子如何从它们上面开过。我们谈到这辆车子是多么熟练地越过障碍,去往它要去的地方。

妈　妈　卡车的车道上有障碍。是什么障碍让你不能用便盆?

男　孩　卡车快跑,快跑。

妈　妈　有什么事情让你用不了便盆或者让你想在别的地方小便?

男　孩　紧急情况,你要尿裤子了!!!

治疗师　这是你的大脑要告诉你的吗?

男　孩　这是一个大脑控制器。它控制大脑。它控制车子。

治疗师　大脑控制器!你能让车子继续行驶,不管发生什么事,你都能控制这辆车,对吗?

男　孩　是的,我能控制自己。

路易斯和玛丽在赛道周围摆放了一些家具。我们讨论了他们家里的不同物品和房间,以及它们的位置。既然他们对房子感兴趣,我想我们可以再用一次未来游戏来结束这次会谈。

治疗师 告诉我当你在家里的时候,这是怎么用的?

男　孩 不需要这个了(把一件家具扔进垃圾桶)……我会买一个新的。这看起来是个好东西……就用这个新的吧。(他拿出很多东西,四处摆放)

治疗师 所以你现在在院子里玩滑梯?

男　孩 不,我要买一个滑梯、一个新厕所、一个新弟弟和一个新爸爸。我试试这个厕所。呜,去洗手间,我最后去。我先去吧。这个马桶不合适。啊,这样不行啊。

治疗师 这样不行?那他去了吗?他去上厕所了吗?

男　孩 去了。(喃喃自语)

治疗师 什么?

男　孩 我现在充满了尿尿的力量!

治疗师 现在有尿尿的力量。哇,这听起来是个好东西,尿尿的力量。

男　孩 我可以在任何我想去的地方尿尿,所以我希望我去的地方都有厕所,然后我就可以去上厕所。

治疗师 尿尿的力量是怎么帮到你的?

男　孩 就像我在车里一样。我想上厕所,就告诉妈妈我希望有个马桶。我坐在马桶上,在我上厕所的时候我的裤子已经脱了。

治疗师 嗯,所以它让你有力量可以等待,直到你走到厕所,是这样的吗?

男　孩 不是。

治疗师 那尿尿的力量是如何帮到你的?

男　孩 我没这样说。

他非常清楚自己的故事走向，并且乐意纠正我。我需要足够的耐心去了解。

治疗师	好的，帮助我理解一下。你说当你有尿尿的力量的时候，你的裤子就会被脱下来，你希望有个厕所。然后发生了什么？
男　孩	是的，我会上厕所了。然后我希望我的裤子被穿上，就是这样。
治疗师	……然后呢？
男　孩	就是这样。
治疗师	那当你拥有尿尿的力量，你会去哪里小便呢？
男　孩	厕所！
治疗师	在厕所里！所以它真的有用？
男　孩	是的。
治疗师	太棒了。

在这次让我感觉有点混乱的会谈中，机智的路易斯能够让他的脑袋充满聪明，心中充满爱。他还发现了一个"大脑控制器"，并且创造出"尿尿的力量"。这是一次很有成效的会谈。他们还预约了一次会谈，但他再也没有小便的问题了，只有"尿尿的力量"。妈妈说她一直在观察他，她意识到一些表面上的情绪爆发，其实是因为他很紧张。在这次会谈中，他们提出了一个信心计划，这样有助于消除他的担忧。路易斯写下他过去建立信心的方法，并把写有这些想法的纸放进车子里，在赛道上绕场一周。因为马上就要开学了，我让他猜测一年级对他可能会有什么帮助。妈妈和儿子谈了很多大大小小的事情。她知道自己正在做的事情对孩子有帮助，并且知道他的自信、"尿尿的力量"以及惊人的能量会让他在一年级也做得很好。在这次会谈中，他变得更健谈了，我称之为"可见的合作"。我当时的理解是，也许他再

也不需要用愚蠢的行为来吸引注意力了。

与孩子和家庭一起共事是一项令人兴奋的工作,将孩子视为他们自己的专家,让他们有机会发掘自己的解决方案,这时候他们是多么的成功和有创造力。关键是要仔细倾听,这样我们才能发现他们独特的理解世界的方式。无论是"尿尿的力量"、奇迹果实,还是库巴城堡,孩子都有能力为自己的生活和实际情况建构出富有创意的解决方案。

【参考文献】

Gomi, T. (1993). *Everyone poops*. La Jolla, CA: Kane Miller.

White, M. & Epston, D. (1990). *Narrative means to therapeutic ends*. New York: Norton.

8. 创伤与虐待的解决之道
Trauma and Abuse Solutions

即使发生了这一切,
你仍然能抽时间去跳蹦床吗?

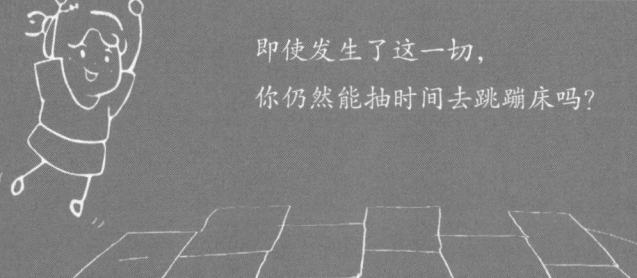

创伤对儿童生命的触动,一如它对成人造成的伤害。作为临床治疗师,有时候我们需要协助经历创伤性事件的儿童和家庭减轻痛苦,这些事件包括身体或性虐待,宠物、朋友或家人的离世,疾病,离家,父母不和、离异或暴力,社区创伤,自然灾害。这样的例子还有很多。创伤性事件的经历、事件被赋予的意义、可能有效的治疗方法,以及形成的解决方案,这些必然因人而异。

图 8.1 塔米娅·沃德尔(Tamia Wardle),经许可转载

焦点解决短期治疗的非常规化特质，使其将每位当事人都视为自己生活和解决方案的专家。当事人都具有一些共性，比如都需要安全、个人效能感和应对技能等。这些议题可以通过合作的方式在治疗中得到解决。孩子和父母可以利用纸板砖或积木筑起一道关于保障安全的办法、人物和地点的墙，而便利贴则非常适合用来做记录。会谈结束以后，孩子和父母可以将便利贴带回家，记住他们提出的好主意。

在本章中，我会避免使用"受创"（traumatized）这个词。尽管儿童和成人很可能受到过创伤，甚至将自己描述为"遭受创伤"，但我们不能因为一个人经历过创伤性事件，就理所当然地认为他们受到了创伤。事实上，博南诺（Bonanno）、雷尼克（Rennicke）和德克尔（Dekel）（2005）的研究发现，复原力（又称"抗逆力"）（resilience）是创伤性事件后最常见的观测结果。作为临床治疗师，我们必须意识到我们在强化些什么。最重要的是，我们希望为未来构建资源和愿景。同时，我们也承认当事人生活中的困境。史蒂夫·德·沙泽尔（引自 Ratner et al., 2012, p. 160）会说："我们也许聚焦于解决之道，但我们并不畏惧问题。"我常会这样说："哇，你们最近遇到那么多困难，你们究竟是怎么解决的? 听到你们经历了这些事，我也很难过。"在谈论问题或创伤时，我们可以这样做：正视这些经验，并探寻过去的例外、现在的能力以及未来的可能性。

迈向我的未来之路：神经学的路径

我们可以通过许多途径了解到有关大脑可塑性（可变性）及大脑功能的最新研究。其中一个与心理健康从业者息息相关的参考资料就是精神病学家诺曼·道伊奇（Norman Doidge）在 2007 年出版的《重塑大脑 重塑人生》（*The Brain That Changes Itself*）[1]。

---

[1] 此书中文版由机械工业出版社出版，译者为洪兰。

> 大脑研究已经证明"人过三十不学艺"的俗话是错的。

道伊奇解释说,行动、思考和想象都可以改变大脑的功能。大脑的改变能力被称为神经可塑性,这种可塑性甚至可以持续到成年。

» 新的神经路径可以通过做或想不同的事情而形成。
» 重复做新的事情可以强化路径,就像你在树林中反复走一条新路,最后就会形成一条很好走的路。
» 在思考或讨论未来愿景的时候,描述得越详细,路径就越深刻。
» 有重点的重复可以强化新的神经路径(Doidge,2007)。

当我们谈论创伤时,多变和适应性强的大脑会让事情变得喜忧参半。坏消息当然是创伤会迅速重塑我们的大脑,比如对某个曾经喜欢或无感的地方充满恐惧。如果我在中央大街的拐角处经历过一场可怕的车祸,下次开车经过时,我很可能会回想起那场可怕的交通事故。因为那场事故,我的大脑改变了。谈论这件事,可能会帮我厘清不安和困惑的地方,以及得到支持。可是,如果我谈起的都是事故的惨状,那这条痛苦的神经路径就会越来越深刻。

而这场可怕的事故带来(关于大脑功能)的好消息,可能是我对中央大街有了新的认识和警惕性。我可能会向市政府争取改善路标或路灯。我或许会庆幸自己当时紧急刹车,从而避免了更严重的事故发生。在这种情况下,我想到了这次事故的可怕之处,还有那些我所感恩的、自豪的事情,以及这次事故所带来的好处。

大脑是可塑的,这一事实在创伤治疗中具有重大意义。在治疗实务中，我们可以协助遭受创伤的人，通过扩展他们对事件和自身的看法来改变和治愈他们的大脑。在以病理学模式为基础的治疗或创伤谈论中，重点可能在于重新体验或复述事件。但是，聚焦于创伤可能会在无意中进一步伤害我们的当事人。鉴于大脑的可塑性，我认为这是危险的，至少是需要小心处理的。

在本书第三章和第五章中，我们深入探讨了如何引导当事人具体描述想要的未来并进行预演。这种细致入微的思考、想象和行动可以创造出新的神经路径，并使当事人更有可能在理想的路径上反复行走。在预演未来时，所涉及的感官和发展性领域（身体、认知、社会性、语言和情感）越多，大脑的体验就越好、越丰富。

创伤后的应激、成功和成长

除了掌握大脑的生物学特性和功能，在焦点解决创伤治疗中，成功的结果和潜在成长的可能性更是我们应该关注的。当人们经历创伤时，痛苦挣扎、需要时间进行调整，甚至剧烈的情绪波动，都是正常反应。我经常对我的当事人说，这是应对不正常情况的正常反应。面对孩子，我可能会说："你会感觉害怕是完全可以理解的，这确实是个可怕的情况。"经历创伤后的应激反应并不一定意味着存在心理障碍。创伤后应激反应可能是厘清创伤性事件的一个正常且必然的挣扎过程（Bannink，2014）。

无论是否被诊断出患有创伤后应激障碍，治疗的第一步都是找出当事人（们）想要什么。这项任务是焦点解决治疗的基础。我们不应该假设当事人需要谈论创伤性事件才能从中走出来。就像其他存在的议题一样，当事人是他们生活和解决之道的专家。作为治疗师，我们相信当事人知道什么对他们来说是最好的，因此我们会跟随他们的引领。当孩子经历了创伤，依循他们认为有用的帮助，配合他们的步伐，能够增强他们的资源和应对能力。如此，反而有助于他们应对创伤性事件所带来的困境，让他们有能力、有信心面对自己的未来。创伤后成功是指"当事人定义的成功"，包含安全指标或安全准备、发展优势和资源，以及未来导向（O'Hanlon，2011）。

当孩子建立起信心，并意识到自己成功走出了困境，这意味着他们是有能力的人。在摆脱痛苦挣扎以后，他们甚至会发现自己变得更强大或更优秀了。创伤后成长量表（Post-traumatic Growth Inventories）用于测量儿童和成人在经历创伤后的积极成长，包括自我认知、与他人的关系、个人优势、对生活的认识和未来可能性等方面（Tedeschi & Calhoun，1996；Kilmer，Gil-Rivas，Tedeschi，Cann，Calhoun，Buchanan，& Taku，2009）。

焦点解决取向应对创伤

- 当事人是专家。
- 当事人是可以改变的。
- 当事人受到创伤的影响，但他们具有优势和能力（资源模式）。
- 当事人如何对创伤经历做出反应。
- 当事人总是有动力的，他们与治疗师的目标可能有所不同。
- 应对机制已经存在。
- 会谈聚集于行动。
- 当事人决定治疗的结束时间。

（资料来源：改编自 Bannink，2014，pp. 62–64）

我们继续探讨如何帮助那些经历了困难事件之后来到治疗室的孩子。要记住，大脑有自我改变的奇妙能力，要相信当事人知道他们需要什么。本章详细介绍的每项练习或干预措施都旨在开辟包括神经学或其他方面的新途径，进而帮助当事人迈向康复、成长和成功。

聚焦于什么

我的办公室里有四个万花筒。其中三个是漂亮的艺术品，另外一个是纸制的，里面有塑料珠子。我很喜欢它们，并且常常在治疗过程中使用。你透过万花筒所看到的，和你望向哪里有很大的关系。我的办公室里有一些黑暗的地方，比如桌子底下或书架后面。但也有很多明亮的地方。如果望向一个黑暗的角落，你就看不到艳丽的色彩。如果望向窗外或任何一个明亮的地方，你就能看见美丽的景象。治疗也是如此，我们可以选择望向哪里和关注什么。

请正在阅读这本书的你抬头片刻，凝视你前方任何一样东西。专注地看这个东西。在不转移视线的情况下，注意你的余光还能看到什么。在凝视房间另一头的画时，我还看到了沙发、挂毯、插花、顶灯、衣帽架和许多其他东西。我能感觉到我的鞋子、我的腿，以及我搭在椅子上的胳膊。我能听到时钟的嘀答声和电脑的嗡嗡声。如果我有幸品尝巧克力，我的味觉和嗅觉也会被调动起来。你呢？你注意到了什么？

这幅画在房间里，但它肯定不是房间里唯一的东西。当你想到创伤时，想想这个练习、万花筒，以及大脑的可塑性。毫无疑问，创伤就在房间里，但它不是房间里唯一的东西。作为治疗师，我们的工作是拓宽当事人的视野，让他们注意到房间里还有什么。

希望的时间轴

卡伊是一名 15 岁的女孩,她讲述了她一直被辗转寄养的经历。她说她不介意寄养,因为她要上学,并且她知道自己是安全的。多年来,她不时参与心理治疗,并因为身患疾病而持续接受医疗服务。我希望治疗能真正地帮助到她,而不仅仅是例行公事。我跟进她说寄养还不错的话题,想知道在她 15 年的生活中还有什么是不错的,甚至是有帮助的。她说她的奶奶为她祈祷,她还喜欢她的阿姨。我们的会谈开始得很顺利。

当我第一次询问卡伊她是如何度过这么多艰难的日子时,她说她不知道。因为我明白这和她平常被问到的问题有些不同,所以我保持沉默,然后她开口说道:"寄养实际上还不错。"我接着问了一些问题,例如:"寄养有什么好处?谁对你来说是重要的人?"

我们裁剪出一张很长的纸,我让她在纸上画一个时间轴,在上面写出她生活中我有必要了解的事情。她画了一条竖线,表示从出生到 15 岁。

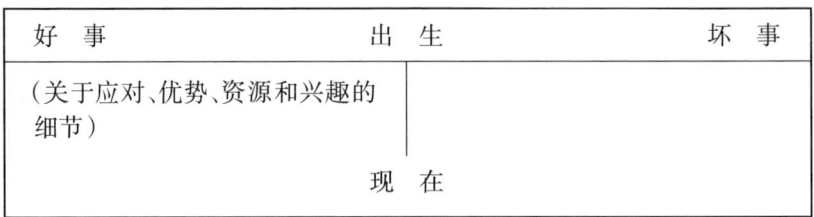

图 8.2　希望的时间轴

在时间轴的右侧,她写了发生在自己身上的坏事,就像背耳熟能详的歌词一样。这是她意料中的治疗情形。她向我讲述了她亲眼目睹和亲身经历的创伤。我没有询问创伤的细节,而是问了几个关于何人、何事、何地、何时,以及如何的问题,从而进一步引导她说出那些希望的小迹象。

8. 创伤与虐待的解决之道 \ 141

> 不管创伤有多严重，它都不是当事人生命中唯一的重要经历。如果我们表现得它好像是，那么当事人就会成为我们的治疗和创伤性事件的受害者。
>
> （Yvonne Dolan，1991）

» 你是如何克服这么多困难的？

» 你可以依靠的人是谁？

» 你喜欢做什么？

» 你有什么爱好？

» 你擅长做什么？

» 谁看到了你最好的一面？

» 他们看到了什么？

» 你对什么充满希望？

» 你为什么东西感到自豪？

» 谁会说他们为你感到自豪？

» 谁最了解你？

» 你觉得哪里最安全？

» 你想去哪里？

» 你是怎么知道的？

» 你什么时候觉得有自信？

» 别人在你身上能看到什么优势？

这项任务旨在从卡伊困难的过往经历中寻找并拓展例外。此外，治疗的目标是加深她对过去的理解，其中包含她的应对能力、优势、资源和对未来的希望。

表 8.1　优势与挑战

好事	坏事
·我知道如何照顾好自己的病。 ·我们和祖父母一起住过几次。 ·奶奶总是为我祈祷，她为我的一生祈祷。 ·我非常擅长躲藏。 ·我把弟弟照顾得很好，我们总是相互依靠。 ·我非常喜欢动物，它们让我忘却一切烦恼。 ·当我被寄养时，我会去学校补课。 ·在我被寄养或者和奶奶在一起的时候，我就有东西吃。 ·寄养让我感到安全，我得到过很好的寄养照顾。 ·妈妈和一个不错的男人在一起过几年。他很友善，会带我们去公园玩。 ·我是幸存者！ ·我遗传了阿姨的幽默感。 ·有一位老师像父亲一样对我们。 ·我有最好的朋友。 ·当我长大了，我想在宠物店工作。	·被诊断患有疾病。 ·妈妈和那个与我们同住的男人总是酗酒和吸毒。我受到毒品的困扰，还经常生病。 ·他还对我下药，因为在我被寄养时，我的头发里被检测出兴奋剂成分。 ·她的男朋友骚扰我。 ·我的表哥强奸了我四次，我记得他穿了一件粉红色的衬衫。 ·当妈妈喝醉的时候，我会坐在祖父母的家门口，那很可怕。 ·我们好几次无家可归。 ·有人拿枪指着妈妈的头，威胁说要杀了她。 ·我几乎没上过学，只接受过寄养。 ·我最喜欢的阿姨去世了，我们曾经亲密无间。 ·我们曾露宿街头。 ·我看到一个人中了枪，他死了。 ·我在一场打斗中被刺伤。 ·人们总是对我撒谎。 ·我不信任别人。

比起列出发生在她身上的每一件事，上述让卡伊画时间轴的方式更有助于让她的优势得以显现，让她意识到对她来说重要的关系，并让她表达出对未来的希望。我问她在这一页的右边（坏事）有没有一些事情是她需要好好谈谈或者处理的。她说自己很难相信任何人，她想学习如何去信任别人。我对她表示赞赏，因为她知道过去有一些人

不值得她信任，她很明智地没有相信他们。我问她左边（好事）提到的人里是否有人是值得信任的。她说她的祖母、阿姨、养父母们，还有一位老师都很好。我们探讨了一些具体的指标，这些指标或多或少让她知道自己可以相信这些人。我们讨论了他们每一位的特点，然后把这些特点罗列出来，并将它们应用于未来的人际交往中。她认为听从自己的直觉是一件好事，因为她选择信任的都是对的人。我们将她自认为的不足之处（难以相信任何人）转化成智慧和洞察力，用来识别值得信任和不值得信任的人。

拥抱常态

创伤性事件令人不安的一部分原因，是它往往会扰乱人们正常的生活习惯。认可并鼓励家庭关注那些正常进行的活动，可以让他们有所宽慰。

治疗师 你还有多久满 16 岁？
当事人 4 个月。
治疗师 16 岁最棒的是什么？
当事人 我可以开车！[1]
治疗师 当你可以自己开车的时候，你会去哪里？
当事人 去我女朋友家。和她聊天很愉快。

这段简单的交流凸显了一个事实——当事人的生活中还有其他重要的事情，还提供了有关谁能给他提供支持的有用信息。伊冯娜·多兰（Yvonne Dolan）在 2000 年出版的《迈出一小步：从创伤和治疗走向喜乐生活》（*One Small Step: Moving Beyond Trauma and Therapy*

---

[1] 美国的驾照颁发年龄因州而异，通常在 16 至 18 岁之间。

to a Life of Joy）一书中讨论了在日常生活中培养仪式感以及建立新传统的重要性。特别的地方、喜欢的玩具、美食、爱好、运动、学业、课题、手工艺、宠物、老师或朋友，如果不问，我们永远也不知道什么会有帮助。

当我还是个小女孩的时候，有一些特别的地方和活动可以给予我勇气和能力去面对新的一天。在我们家的车库后面有一堆约60厘米高的石板，我在那里度过了许多时光。这是一个只属于我的私人休憩场所，一个我哭过、笑过、唱过歌、筹划过事情的地方。位于绣线菊灌木丛之间的"俱乐部"，是一个珍贵的聚会场所。在那里，我的小狗穆茨倾听过我的故事和愿望，它柔软的毛发沾满了我的眼泪。我和我永远的好朋友凯丽骑着自行车走遍了整个小镇。我一边穿街过巷，一边思考着生活中的苦与乐。我凝视着鱼缸，可以感觉到自己的呼吸逐渐变慢。我的衣橱对我来说也是一个特别的地方，我在那里剪下杂志上的图片，制作纸娃娃，存放我所珍藏的"快乐绿巨人"（Jolly Green Giant）贴纸。姐姐教我滑雪、和我一起捉虫子，哥哥耐心地教我看时间、带我去他的约会。在花园里我看着妈妈照料她的盆栽，我在妈妈身旁帮忙。正是这些"仪式"使我的生活变得有序，也帮助我度过许多艰难的时刻。

> 作为一个孩子，什么地方和活动对你的生活至关重要？
> 什么成就能让你对自己充满信心？

10岁的莉拉告诉我，她快11岁了却还不会骑自行车，这是件很尴尬的事。她解释说，如果她能骑自行车，就可以变得更独立。当她因为父母之间的关系创伤而难过时，这会对她特别有帮助。

我们花了一整节会谈来详细讨论骑自行车将如何改善她的生活。

她能构建出一个非常清晰的计划,并准确地预想自己在哪里以及如何执行这个计划。这是一个跟随她的引领来提问的好机会,让她能够思考和规划自己的未来。

» 你会骑什么样的自行车?
» 谁会帮你把座椅调整至适合你的高度?
» 你第一次骑行会在哪里?
» 这会发生在什么样的日子里?
» 谁会在场?
» 你的妈妈/爸爸可以怎么帮忙?
» 有什么重要的事情是他们需要了解的?
» 你会给我发你骑车的视频或照片吗?
» 什么让你有信心去做这件困难的事情?
» 你还做过其他哪些困难的事情?

第二天,她的妈妈给我发来短信:

妈妈　目标达成!明天我会带她去买一辆合适的自行车。谢谢你做的一切。

我　太棒了,这真是今年一段美好的回忆。

妈妈　她今天早上骑了三个小时,但她一直摔倒,所以我不得不让她停下来。非常感谢你。

图片上是一个自信、坚定的女孩人生中第一次骑自行车。一两周后,我得知莉拉尝试自己划独木舟。妈妈说这对她来说是另一种建立信心的方法。这些正常的成长挑战和成就让莉拉感到踏实,也让她更自信,更有成就感。她后来给我写了一封信,表达了她的感激和见解。

图 8.3 骑自行车的女孩,塔米娅·沃德尔,经许可转载

亲爱的帕,

你好吗?我过得很好。

真是有趣,在困难时期进行正常活动给我们带来了很大的帮助。比如,学骑自行车几乎就像在解决问题的过程中放的一个小假。

回望过去,我对学骑自行车感到紧张和难堪。因为我左邻右里的小孩在蹒跚学步的时候就开始学骑自行车了,但我从来没见过一个十几岁的孩子还在学。

但是,我想骑上自行车,学会它,这个心愿胜过那些紧张和难堪。一部分原因是为了逃离家里的一些问题,另外一部分原因是这看上去很自由!!经过一小段时间,我终于学会了。

感觉很不可思议!!我能够控制它、驾驭它,让它走快一点、慢一点,这让我充满成就感。最棒的是,它让我感觉到一切正常。如果你深陷困境,这种感觉实在太重要了。

这给莉拉的生活带来了什么不同?像"做得好"或"真棒"这样的表达很友好,或许还能鼓舞人心,但这终究只是我对她成就的评价。在莉拉取得巨大进步后,我想在会谈中听听她的想法,也想强化她的自豪感和成就感。通过提问，让孩子发现和彰显他们的个人优势与能力，并引出他们对自己成就的评估，这样会更有效果，效果也更持久。

表 8.2　提问与归因示例

治疗师可以问的问题	可能的积极归因
·这给你带来什么不同？ ·成为一个会骑自行车的人，你觉得怎么样？ ·你是如何学会做这些困难的事情的？ ·你还在其他什么时候完成过如此重要的事情？ ·什么事情是你妈妈或爸爸会引以为豪的？ ·如果12岁的你跑来称赞现在的你，她会说些什么？ ·这对朋友来说会有什么不同？ ·在困难时刻骑自行车对你有什么帮助？ ·这说明什么？ ·还有什么？	·我可以完成困难的事情。 ·感到沮丧时，我可以做一些有趣的事情来缓解情绪。 ·尽管我当前正在经历家庭创伤，但我的生活中还有很多更重要的东西。 ·骑自行车是一件全家人都乐在其中的事。 ·爸爸妈妈仍然想帮我实现目标。 ·我的治疗师关心我生活的方方面面。 ·我的生活中有美好的事物。 ·我会永远记得我在今年学会了骑自行车（即使今年也发生了坏事）。

好事常在

按照第一次会谈的例行任务（de Shazer, 1985），我经常让家庭告诉我，现在他们生活中所有还不错，甚至很美好的事情："我知道你在生活中遇到了一些难事，但我相信你的生活中也有一些还不错的事情。我想了解你的全部。让我们做一个有几个竖列的表格，这样我就可以了解所有关于你的事情，以便我能对你有所帮助。"

这项任务可以通过许多方式来完成，包括说话、写作、绘画、表演、用木偶演示、堆积木，或者任何其他适合孩子分享的方法。这项任务的重点是识别出哪些事情是好的，或者是他们想要延续下去的。这一过程告诉他们，我们不仅可以在治疗中谈论生活困境，还可以探讨优势、资源和好事，这些都可以为家庭带来希望。

表8.3 好事常在

坏 事	还不错的事	好 事

改变场景和感官

通常情况下，当孩子经历了创伤性事件，事发现场往往是一些他们不得不再回去的地方。例如，在发生过虐待的那间卧室里睡觉，在发生过可怕交通事故的那条街上开车，回到发生过枪击事件的校园。改变、扩展或重新定义视觉、听觉、触觉、嗅觉和味觉刺激，可以让我们的感官系统得到休息，还可能减少创伤闪回。因此，我们有必要改变并重新定义感官。

我询问过一个家庭，在两个小男孩在他们的卧室里被一个表亲性侵后，是什么帮助他们继续在那里生活下去。妈妈说她扔掉了他们旧的床上用品，让他们各自挑选新床单。我认为这是一个绝妙的主意，并且非常好奇她是怎么想到这个主意的。妈妈说她对旧床单感到恶心，买新床单是值得的。他们俩满怀热情地描述了他们正在用的新的超级英雄床单。我问了床单的颜色和质感，以及新床单对他们有什么帮助。我还问两个男孩，卧室里还有什么能让他们感到安全。我很幸运能够跟进这个家庭在"改变场景"时所用到的好方法。其他时候，我也会好奇地提问,让"改变场景"的对话进行下去。

» 如何让你的房间感觉更舒服?
» 你仍然喜欢家里的哪个地方?
» 如何让它再次成为你觉得特别/安全的地方?
» 我想知道是什么让你可以再次在那条街上开车。

人们用感官记忆来描述创伤性事件。由于大脑正在发育,儿童的情况更甚:那太难闻了;然后我看见他走过来;当他把它放进我嘴里时,很恶心;太吵了,每个人都在尖叫;它摸起来又刺痒又粗糙。孩子也会用感官记忆来描述快乐、安全和愉快的事件:我喜欢感受把自行车骑得很快时迎面而来的风;当我攀岩时,我能感觉到肌肉的运动。给予孩子机会去找回他们的感官,让他们即使是在(应对)困境中也可以识别出哪些是或曾经是好的,协助他们去往想要的未来。

> 有时候,当坏事发生在孩子身上时,他们的五感也会变得混乱甚至受损。我很好奇,你能否告诉我你真正喜欢触摸、听、看、闻和尝的东西是什么?

一点一点地应对

标尺是探讨量表、应对方法和例外的简易方法。我手边通常会有一把标尺或码尺。外出的治疗师可以在包里装一把尺子,或者使用受访家庭的尺子。"写下在困难时期有帮助的事情,量一下你的列表有多长,或者根据尺子上的刻度(厘米),尽量多地告诉我对你有帮助的事情。"

任何可以堆起来、搭起来，或可以计数的工具和玩具都有助于推进会谈。

表 8.4　满足感官

我喜欢看	瀑布、鲜花、秋千、人们的笑容
我喜欢听	有趣的笑话、欢快的音乐
我喜欢吃	咸的薯片、橙子、巧克力脆饼
我喜欢摸	非常柔软的猴子毛绒玩具、攀岩时坚硬的岩石、小猫的毛发
我喜欢闻	妈妈的玫瑰花、烘焙中的面包、铃声响起前的学校午饭

"让我们用积木把所有有帮助的事情搭成一座塔吧，即使只有一点点帮助。你想写在便利贴上吗？还是我来写？你认为我们应该用什么颜色的便利贴？什么已经对你有了帮助？你觉得在不久的将来什么会对你有帮助？"

搭积木的活动会令人感到愉快；不过，如果你没有积木，把便利贴贴在墙上、桌子上，或其他物体的表面都是可以的。在探索应对方式、复原力和优势的趣味过程中，儿童和青少年每揭下一张便利贴，每说出一个新想法，都会产生强烈的满足感。

如果孩子不想说话，有时候他会愿意写下来。孩子的父母也可以提出他们认为有帮助的建议，由孩子来决定是否将它们纳入列表。有时候，孩子愿意说话，却不太想写字。在这种情况下，我会问他希望谁成为自己的抄写员，是我还是房间里的其他家庭成员。

家，安全的家

在一个针对目睹家庭暴力的儿童的治疗小组中，我们经常一起创作歌曲来表达小组成员对理想的未来的看法，以及他们如何为实现这一理想的未来做出努力。我们有幸与音乐治疗师和实习音乐治疗师，以及有不同专业背景的实习治疗师一起共事。这种跨学科的治疗取向能够发挥出巨大的能量，进而促进孩子创造力的发展。为歌曲填词和协助编曲，对孩子来说是一项极其赋能的活动。我们喜欢他们富有创意的歌词和歌名，比如"家，安全的家""美好的回忆""不是我的错"和"我的美好未来"。与此同时，非实施暴力一方的父母会参与亲职课堂，在最后的 15 分钟，我们让孩子和父母聚在一起，大家一起吃点心、唱歌、讨论当天的课程。

啊，给我一个家，
我们快乐的家，
父母孩子一起玩，父母不吵架，孩子很欢乐，
一家人有个大晴天。
家，安全的家。
我们互相拥抱，
永远没有粗话，每天觉得幸福。

—— 由儿童小组创作的歌词

有效的谈话

不是所有的孩子都需要谈论他们所经历的创伤。如果他们确实想要探索发生了什么，以赞赏和基于过去及现在的优势、资源和应对能力的方式来加以谈论就显得非常重要。不过在有些情况下，法律制度、机构治疗流程或资助条件会要求对犯罪或创伤性事件做详细说明。我有一盒白色弹珠，中间有一颗黑色弹珠。有的时候，我会借用弹珠来展开叙述。黑色弹珠代表发生在你身上的困难事件，白色弹珠代表事件的不同方面，比如让你感到自豪的东西、让父母和其他人感到骄傲的东西，或是你应对困境的有效方法。这种干预灵感来源于南非焦点解决

研学院（Solution Focused Institute of South Africa）发布的一个视频（von Cziffra-Bergs, 2015）。在下面的案例中，我将和凯讨论什么是自豪。

11 岁的女孩凯遭受了性猥亵，需要为起诉此案的县检察官撰写一份个人受害声明。这对她来说非常痛苦，因为她讨厌回想和谈论这宗猥亵事件。她的声明如下：

我们参加了一个家庭聚会，威尔告诉我妈妈说他会送我回家。他说我们可以在回家前开车到处转转。他说他爸爸晚上会打高尔夫球，我们可以去看看他在不在。我们开到一个没有灯光的暗处，他说他觉得我很漂亮，说我真的长大了。我不记得他还说了什么，但很快他就开始揉我的腿，摸我的胸。我非常害怕，我不知道他在做什么。然后他说了我很性感之类的话，说我让他很兴奋。我告诉他我想回家！！如果我太晚回家的话，妈妈会很生气的！！他把我拉到他身旁，让我碰他的那个。我不想，但他紧紧抓着我的手。我哭了，我只想回家，我真的很害怕。他拉下裤子，还想扯下我的，我尖叫地哭着。我挣脱开他，紧紧抓住车门，想要逃走。他让我摸它。他说我现在必须帮他，否则我就是在戏弄他。他说这会很有趣的。我不停地哭，又哭又叫让我感觉难以呼吸。我只想回家！！！他笑着说："好吧，别哭了，坐到我旁边吧，这样我就不孤单了。"然后他自己揉它。他全身都在晃动，很快就有白色的东西出来了，就像尿尿一样，但那不是尿。它很黏，粘在我的腿上、胳膊上和手上。他仍然把我抱在身边，我觉得很恶心，全身黏糊糊的。他笑着说，我猜你没有我想象中那么成熟。没关系，别难过，等你长大点再做吧！！！听起来一切都像是我的错，我很生气。实在太恶心了。他用纸巾擦了擦腿上的东西，也给了我一些纸。最后他带我回家了，说："不要告诉你妈妈或任何人。我们可以以后再试试，等你长大了会更有趣的。"在那之前，有一次他坐在地上问我想不想和他还有其他男孩一起玩游戏。我说好的。他的那个整个都露在短裤外面。他好像想让我看，但后来我想那肯定是个误会，因为没有人会让它这么露着。但我现在觉得他就是想让我看到，因为他把它推出去了一点，他的裤子是那种很短的跑步短裤，他故意把它露出来，然后坐下，这样它就刚好在那个位置。在车里对我做了那件事之后，他带我回了家，我不愿意告诉妈妈，因为这实在太恶心、太尴尬了，但他又说了一遍，不要告诉任何人！！！然后他对我妈妈撒谎，说我之所以眼睛通红是因为严重过敏，我回到自己的房间，关上门，哭得更厉害了。

凯把她的信拿给我看，她说写这封信让她很害怕，还让她更常想起受猥亵的事。她还说在过去的几周，与创伤相关的梦有所增加。凯的妈妈认同评估结果，她提到凯出现了更多的闪回，而且上课时难以集中注意力。焦点解决创伤治疗承认创伤性事件及其引发的情绪，但同时还有当事人克服事件的方法、优势和能力。我想扩展凯对这一创伤性事件的经历，使之包含能力、自豪和支持等内容。

治疗师 写这封信真的很难。我可以问你几个问题吗？

凯 可以。

治疗师 当你回想那天在车里的时候，有哪些事情你认为自己做得还不错？也许是值得你自豪的事情？

凯 我不知道。

（治疗师保持沉默，将她的回答视为"给我些时间，这个问题很难回答"）

凯 我把他推开，尽量不去看他。

治疗师 这是个好主意吗？

凯 是的，因为我不想碰他，也不想看那个东西。

治疗师 当然。还有什么？

凯　嗯,我不停地哭。

治疗师　这在某种程度上有帮助吗?

凯　对,我觉得这避免了他做其他的坏事。

治疗师　哦,这是个好主意。你是怎么想到的?

凯　我不知道,但我哭得很大声,也许他害怕有人会听到我哭。我觉得他担心惹上麻烦。因为他在军队,这样会让他有麻烦。所以我的哭声可能吓到他了。(笑了)

治疗师　没错! 你的哭声可能吓到他了! 你觉得你妈妈为你感到最自豪的是什么?

凯　我说我想回家。

治疗师　你妈妈做了什么帮上了你的事?

凯　她不相信这个谎言,就是我眼睛通红是因为过敏。

治疗师　还有什么?

凯　她再也不让他带我去任何地方。这很好。她想确保我的安全。你知道还有什么吗? 我告诉她的时候她相信我说的话,她知道他在撒谎。他撒了很多谎,但妈妈相信了我。(哭了)

治疗师　你妈妈相信你。

凯　我经常哭,但哭是很正常的。我很生他的气,他做的事很恶心,但我没事了。

治疗师　哭是很正常的。还有什么事情对你有帮助?

凯　妈妈问我为什么哭。我害怕她会生我的气,但她没有。她从不认为这是我的错。

治疗师　是的,这不是你的错。关于你的信,你还有什么想告诉我的吗?

凯　我认为他的妻子琼不相信我。她认为我和他一起出去是我的错。她是这么告诉我妈妈的。但他是个大人,我以为他和我哥哥一样安全、善良。我也以为她人很好,她却不相信我,这让我很生气。但是……我不知道,现在我不会相信他们两个了。关于信任,我学到很多。

治疗师 关于信任,你学到很多。

凯扩展了她对这段被猥亵的经历的看法。她意识到她做了对自己有帮助的事情,她的妈妈为她感到骄傲,并相信她。她把妈妈看作一种资源,在谈起侵犯者威尔时,她的感觉是安全。

转换闪回的频道

对一些创伤幸存者来说,闪回是一个不幸且可怕的现实。本章先前关于改变场景和焕新感官的建议,可以将当事人带入当下喜乐的感觉中。对卡伊和凯的叙述进行扩展,使其包括他们引以为傲的事情、他们应对的方式或幸存下来的方式,这有助于缓解闪回,因为这让他们更全面了解闪回,本质上是在创造一个相对更能让人接受的闪回。

» 将闪回解释为我们反应系统的一个正常组成部分,对家庭来说是有帮助的。闪回出现时,它其实是关于过往事情的想法或片段,它让你感觉它就发生在当下,所以它很可怕。我们的身体认为当下很危险,所以做好了战斗、逃跑或躲避的准备。如果真的有危险发生,我们的身体知道如何战斗、逃跑或躲避,是一件非常好的事情。但闪回就像是虚惊一场。如果学校发生火灾,你知道如何利用火警警报来提醒大家吗?如果警报被触发,但并不是真的着火了,会发生什么呢?是的,大家都会走到外面,并遵循安全计划。当大家意识到没有失火的时候,他们会怎么做?他们会回到教室,正常上课。当你的大脑出现错误的警报,通常是因为有一些事情让你想起了发生过的坏事,这让你的大脑担心你可能会再次遇到危险。

» 孩子擅长在电子设备上冲浪，通过滑动屏幕浏览新的内容，在不同软件和页面之间切换，翻一翻书或拿起其他的玩具。这个类比可用在谈论闪回或噩梦上。孩子可以明确想要自己脑海里出现的东西，然后像滑动屏幕一样"滑到"这些东西上。我建议孩子想一想在危机真正发生时他们不会去做，但其实很寻常的事情，并将它们付诸实践，比如弹钢琴、唱歌、踢足球、做手链、骑自行车、和爸爸玩游戏。想到什么都可以试试，并在会谈中练习这些替代性行为。

» 让孩子画一张有关闪回或噩梦的涂鸦，然后把它撕碎或者用复印机缩小。探讨噩梦或闪回可能说了什么谎："事情正在发生，你又要受伤了。"然后创作一幅有关当下的真实的画，画出安全的人、物、资源和能力。

伊冯娜·多兰在《处理性虐待》（*Resolving Sexual Abuse*）（1991，p.107）一书中提出以四个步骤来克服闪回的影响，我将之调整并用在孩子身上。

1. 想想你之前在什么时候有过这种感觉。
2. 你现在的情况和过去有什么相似之处？是否出现与过去相似的景象、声音或感觉？有没有什么人让你想起过去的情况？
3. 当你现在有似曾相识的感觉时，现在的情况和过去有什么不同？
4. 你想采取什么行动？
    （1）如果闪回表明当事人目前可能不安全，则需要采取安全措

施。(比如卡伊知道她不应该相信某些人)

(2)如果闪回是有关过去的无关紧要的感官提醒(气味或地点),那么焕新感官的练习可能会有效。

很不幸的是,儿童和成人一样都会经历创伤性事件。通过鼓励他们扩展对事件的看法,使之包含那些对他们有帮助的反应和对策,我们发掘的那些新的、有价值的信息就会闪回,供他们反思。当事人的生活还包括每天正常的娱乐、社交活动。我们必须引导当事人全身心地投入治疗,并追随他们的目标。如果我们足够有力量去追随他们,他们就足够有智慧来引领我们。

【参考文献】

Bannink, F. (2014). *Post-traumatic success: Positive psychology & solution-focused strategies to help clients survive & thrive*. New York: Norton.

Bonanno, G. A., Rennicke, C., & Dekel, S. (2005). Self-enhancement among high-exposure survivors of the September 11th terrorist attack: Resilience or social maladjustment? *Journal of Personality and Social Psychology*, 8:6, 984–998.

de Shazer, S. (1985). *Keys to solution in brief therapy*. New York: Norton.

Doidge, N. (2007). *The Brain that Changes Itself*. New York: Penguin.

Dolan, Y. (1991). *Resolving sexual abuse: Solution-focused therapy and Ericksonian hypnosis for adult survivors*. New York: Norton.

Dolan, Y. (2000). *One small step: Moving beyond trauma and therapy to a life of joy*. Nebraska: Author's Choice Press.

Kilmer, R. P., Gil-Rivas, V., Tedeschi, R. G., Cann, A., Calhoun, L. G.,

Buchanan, T., & Taku, K. (2009). Use of the revised posttraumatic growth inventory for children. *Journal of Traumatic Stress*, 22:3, 248–253.

O'Hanlon, W. (2011). *Quick steps to resolving trauma*. New York: Norton.

Ratner, H., George, E., & Iveson, C. (2012). *Solution focused brief therapy: 100 key points and techniques*. New York: Routledge.

Tedeschi, R. G. & Calhoun, L. G. (1996). The posttraumatic growth inventory: Measuring the positive legacy of trauma. *Journal of Traumatic Stress*, 9:3, 455–471.

von Cziffra-Bergs, J. (2015). *Solution focused trauma therapy: Recreation of a trauma session* (DVD download). www.solutionfocusedsa.com/shop/. South Africa.

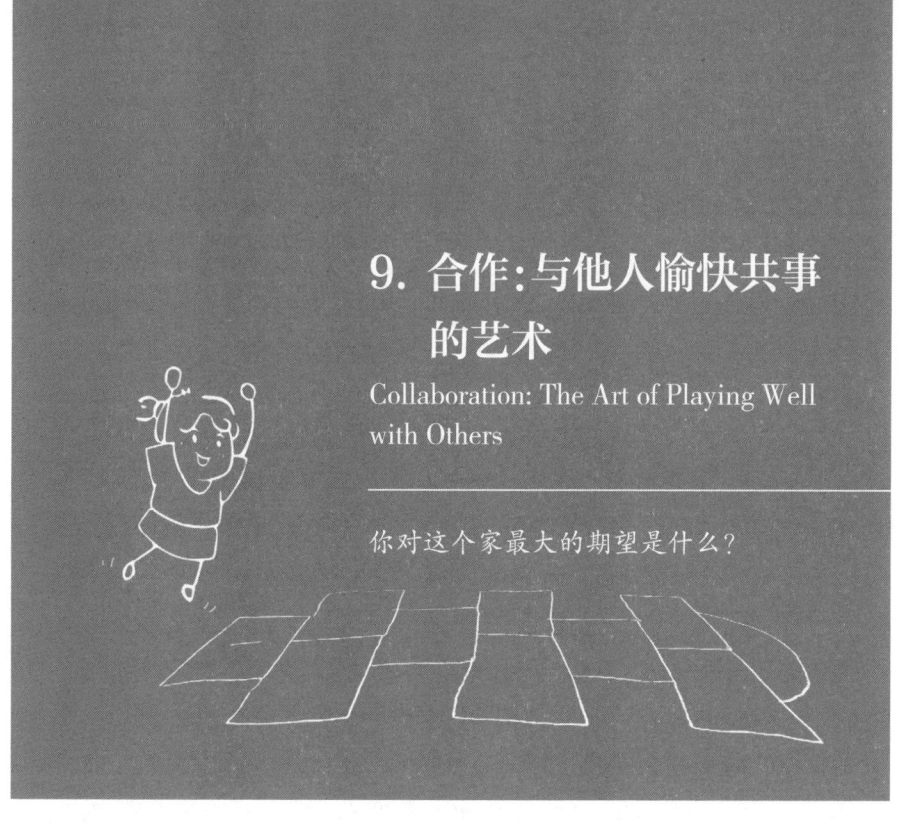

9. 合作：与他人愉快共事的艺术

Collaboration: The Art of Playing Well with Others

你对这个家最大的期望是什么？

合作的首要重点是与孩子的父母、监护人和照顾者进行合作。他们远比治疗师更了解孩子，而且他们通常是最积极和最投入的。即使缺乏技能，父母依然想给孩子最好的——这是一个重要的基本假设。即便这个假设可能不一定能实现，但它仍然是一个很好的切入点。与儿童系统中的重要他人协同治疗，是提供有效治疗的关键。其他影响儿童生活的专业人士可能包括老师、日托照顾者、个案工作者、医务人员、牧师、其他治疗师或青少年司法部门的工作人员。除了父母和其他专业人士，孩子的重要他人还有大家族、青年领袖、朋友的父母、幻想的朋友、玩具和宠物，这些资源都可以被挖掘，以取得治疗上的成功。

如果可以的话，在与他人进行合作时，我会让当事人指导我应该问什么并询问他想分享什么。法律规定在披露信息之前要获得授权，这仅仅是第一步。除了取得父母或监护人的知情同意，如果讨论涉及孩子的生活，我还希望获得孩子本人的同意。向法庭汇报，向医生、精神科医生和老师咨询，以及与相关人士，如儿童保护专业人员、感化主任、亲生父母、寄养父母或领养父母开团队会议等，这些都是我们与他人合作、为当事人谋福祉的机会。

主要合作者

父母、监护人、老师和日托照顾者可能花大量的时间在孩子身上，他们是极佳的信息来源。最好是在第一次会谈中就和他们建立工作关系，并讨论想要的未来。当这些人参与治疗时，孩子的变化对他们来说更有意义，而且他们更有可能对孩子做出不同的回应，治疗师要善用机会和强化积极的改变。当然，有时候很难迈出第一步。在这种情况下，当我感觉无从下手时，我会"拓展系统"——这是我在研究生期间学到的。关系问句有助于拓展系统。"你的老师认为你有什么优点？如果你的童子军队长在这里，他会说你最擅长什么？他的童子军队长最欣赏你的哪些管教方式？你的朋友会怎么形容她喜欢和你一起出去玩？"基本上，问当事人的任何问题，我们都可以从另一个认识当事人的人的视角提出。

同样地，在治疗的任何阶段都可以提出关系问句。"你爸爸会说他喜欢你什么？你的假释官需要看到什么？他会说什么已经步入正轨了？其他人会如何注意到你的进步？谁会最先注意到？谁会有不同的看法？还有谁会说他们为你感到骄傲？"下次当你无从下手时，试着从另一个视角重复你的问句。

父 母

父母很重要,这似乎是显而易见的。不幸的是,父母有时候(例如在团队会议中)会被描述为只有问题、问题行为、拙劣的管教技巧等,好像他们每时每刻都是不称职的父母。但这无益于治疗顺利进行。我必须重申,尽管有时候父母可能会缺乏管教技巧,有问题行为和生活中的问题,但他们也有管教有方或至少称职的时候,有在工作或其他生活场景中运用技能和策略克服困境的例子,也有他们自己的成功故事。本书通过许多案例阐述了如何借助小小的例外,或者已经发生的理想的未来来构建解决之道。系统思维提醒我们,系统中某一部分的小变化可能会引发其他部分的改变。即便你资源丰富,为人父母也是一项艰难的工作。人们在充满挑战的环境下还在努力管教孩子,这其实是特别值得称赞的。

当主要照顾者(父母、监护人或养父母)呈现消极、责备、批评或防御状态时,我会把这当成一个信息——我需要慢下来,更好地理解他们。我可能正在思考自己的解决方案或理想的治疗结果,但这其实是"强迫解决"(solution-forced),而不是"聚焦解决"(solution-focused)(Nylund & Corsiglia, 1994)。可能我对他们艰苦的生活还没有足够清晰的认识。在我处理家庭暴力、虐待、离婚、哀伤和其他复杂的情况时,家庭往往不堪重负,压力重重。他们资源紧张,获得社会支持的机会可能很有限。尊重照顾者并了解他们的需求,同时始终将孩子的福祉放在首位,是治疗重要的安全架构。在一些复杂的案例中,孩子和家庭牵涉的机构很多,可能会很混乱。我们的当事人可能需要帮助,以整合所有不同的资源和需求。然而,我不会去设定目标,由他们自己设定目标。切记,复杂的情况不一定意味着需要复杂的解决方案。回想一下焦点解决的原则,即解决方案并不一定与问题直接相关(de Shazer, 1985; de Shazer et al., 2007)。尊重当事人,把他们视为自身生活的专家,仔细倾听并发掘他们最大的期望。

学校和社区

20世纪90年代中期,当我怀上双胞胎时,我在一个为高危儿童服务的跨机构项目中工作。我之所以提到自己怀孕,是因为和我共事的那些父母给过我一些育儿建议,这对我来说很有意义。他们有在职育儿的经验,而我没有。我有一个儿童发展学位,而他们有孩子。我们尊重彼此的专长。这个项目为农村地区的三所小学提供服务。我们的团队由来自每所学校的一名家长、一名老师和一名校长,一名精神健康专家(也就是我),一名公共卫生护士,一名家庭服务工作者和一名就业服务工作者组成。我们各司其职,同心协力。团队每周在每所学校开会,讨论什么是有效的、需要什么,以及如何进行分工。我们有一小笔资金,可以用来购买加油券、家用电器、新鞋、冬季大衣或维修汽车等。这笔资金非常有用,因为有时候当我们和家庭探讨什么有帮助时,他们会说"我的车坏了,所以我上不了班";或者,"洗衣机坏了,所以我只好把油钱花在自助洗衣店里";又或者,"我不舒服,但买不起药,所以很难送孩子们上学"。有时候,小小的改变就会带来大大的不同。

我协助儿童适应父母离异、提升社交技巧,为儿童提供哀伤和失去治疗,也负责儿童行为管理小组的工作。我教过亲职教育课程,也开展过个案工作和家庭治疗。护士提供疫苗注射、儿童健康门诊、例行身体检查服务和低价医疗服务的转介。就业和家庭服务工作者也提供大量服务,学校则以十分创新的方式满足孩子和家长的学业需求。我在那里工作的时候,影响深远的焦点解决治疗著作《家庭为本的服务》(*Family Based Services*)(Berg, 1994)诞生了,我发现它是一座知识的金矿。

我们对家庭的需求不做任何假设。他们被转介而来可能是因为孩子长期的行为问题、家庭流离失所的状态、最近经历了他人的离世，或者被转介至儿童保护服务等。他们的解决方案有时候与发现的问题有关，有时候也无关。我们本着焦点解决治疗的精神来提问和进行处理，例如：

» （解释我们的服务项目后）这些服务对你的家庭有帮助吗？
» 你希望增设哪些服务？
» 你最大的期望是什么？
» 如果有一件小事能带来改变，你觉得会是什么？
» 家里有什么好事发生吗？
» 我们每个月都有一次由家庭和工作团队安排的家庭聚会。
» 我们在社区之夜活动上善用家长的专长。
» 我们轮流带自己的孩子参加家庭活动。
» 我们一起吃饭、一起做项目、一起畅想。

马修·塞莱克曼（Matthew Selekman）（2010）提出以下有助于同学校发展合作关系的建议：

1. 熟悉所在地区的学校。
2. 为家长教师协会提供免费讲座。
3. 采取"未知"（not-knowing）的低姿态，并表现出好奇。
4. 将教师和其他校内专业人员视为建构解决之道过程中的专家和同盟（Selekman, 2010, pp. 219-221）。

在美国华盛顿特区，家庭、社区和学校与名为"社区合作方案"（Collaborative Solutions for Communities）的机构协同开展工作，这是一家以社区为本的机构，为儿童福利系统的家庭和与帮派牵扯上关系的青少年提供服务。协助家庭联结资源和支持系统，有助于让每个家庭变得更强大，整个社区也会更安全。在各方基于焦点解决取向进行合作后，他们发现与帮派有关的谋杀案件已经大幅减少。

《校园焦点解决短期治疗：全方位的研究和实践》（Solution-Focused Brief Therapy in Schools: A 360-Degree View of Research and Practice）（Kelly, Kim, & Franklin, 2008）一书的名字取得不错。这本书提到了若干个创新型焦点解决学校项目，这些项目都基于学生和老师的成功经验。其中，"WOWW"（Working on What Works）项目是一个焦点解决取向的教室管理干预项目。而位于美国得克萨斯州奥斯汀市的加尔萨高中（Garza High School）则是一所焦点解决短期治疗示范学校。这两个令人振奋的焦点解决校本项目都在书中被提到了。

协作工具

会议彩排（未来游戏）

孩子不一定会被邀请参加团队会议，但他们通常知道会议正在进行，并且很有可能对会议的进展有自己的看法。根据孩子的兴趣，我们可以举办一次模拟会议，让他们有机会发声，讨论可能的结果。未来游戏的会议邀请可以采取多种形式：

» 如果团队中的所有人都属于一支足球/篮球/橄榄球队，如何让他们以最好的方式一起开会？让我们把贴纸贴在这些积木上，向队员展示他们的重要任务，然后你可以告诉我你想怎样玩这个游戏。现在,让我们想象有一个令人沮丧的结果,那接下来团队将如何合作呢?

» 把这个即将到来的会议想象成你玩的一款电子游戏,角色需要克服哪些障碍才能顺利通关呢?

» 挑选一些木偶/小雕塑/毛绒玩具/动物来代表所有对这次会议有些想法的人,然后我们可以开始讲故事了。

助人者"地图"[1]

这项干预由寄养系统中的儿童服务发展而来。根据我的经验,这些孩子会在无意中听到或意识到我们持续讨论的这些服务进程和专家系统对他们而言非常陌生。这张特别的"地图"(名称一直在改)是由一个6岁的孩子卡伦创作的(图9.1)。卡伦十分聪明,是家里的小家长。我说她有一项巨大的优势,就是拥有"关注并尝试理解人和事"的能力。我们都想知道我们该如何弄清楚某些事情(例如

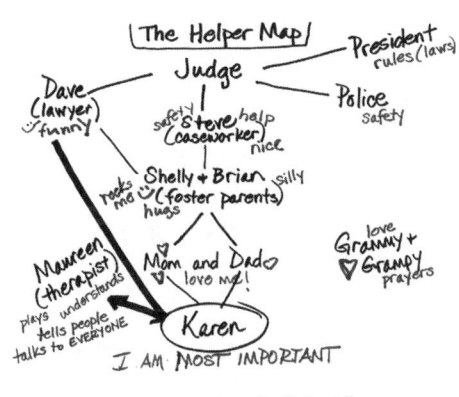

图9.1 助人者"地图"

注:卡伦在她的助人者"地图"中提到了许多人,并在每个人的名字附近写下了他们的职业和特征,如史蒂夫(个案工作者;安全,帮助,友善)、谢利和布雷恩(养父母;摇晃我,拥抱,糊涂)、妈妈和爸爸(爱我!)、卡伦(我是最重要的)、奶奶和爷爷(爱,祈祷)、莫琳(治疗师;一起玩,理解他人,告诉人们怎么做,和所有人说话)、戴夫(律师;有趣)、法官、总统(规则、法律)、警察(安全)。

---

[1] 由莫琳·基利拉(Maureen Killila),LCMHC 提供。

她的耐力）是如何发展的。她马上指出："用'地图'！"我们坐在地上共同创作，经过多次修改，这张"地图"包括了她的许多资源和协助者，并呈现出这些资源和协助者为了给她提供最好的支持而建立起的联系。这张"地图"使那些支配着她的生活、令她不知所措的抽象概念具体化。同样地，她的养父母从掌握这种具有支持性且儿童易懂的语言中获益，他们能够解答卡伦不断提出的可预见的问题和担忧。在整个治疗过程中，她都会使用这张"地图"，一旦她理解某一助人者的角色，她就会在图上做些记录。她还请我将这张"地图"分享给"地图"中提到的人。

开始作图时，我问卡伦：

» 在你的世界里，谁在帮助你厘清你的生活和家庭里将发生什么？

» 每位助人者需要知道些什么才能解决这些问题？他们的工作是什么？（我们一起整理这些信息，必要的时候，我会教她一下）

» 每位助人者需要有什么长处才能帮助你？他们具备这些吗？

» 是什么让……（某个人）能够很好地用他们的方式来帮助你？利用贴纸、彩色笔和图画来标出他们的能力。

» 在"地图"上，谁是最重要的人？（孩子经常回答说法官，然后我会给他们讲一个故事，我的一个法官朋友在审理案件时会把孩子的名字写下来，因为他永远不想忘记他们）

» 法官很重要。他/她会听取每个人的意见，查阅所有的规则/法律，然后做出判决（而不是养父母、社会工作者等）。当他/她在做判决时，关于你，他/她最需要了解什么呢？

最近我和同事莫琳·基利拉谈了谈俄罗斯娃娃（又称俄罗斯套娃）的治疗作用（个人通信，2016年5月）。玩具店有一些素体娃娃，可以用记号笔或贴纸来装扮。当她谈到这个奇妙的以依恋为本的干预（attachment-based intervention）时，我想起了自己正在服务的一个青少年，她年幼时就被人从俄罗斯收养了。她还记得孤儿院的照顾者，也很喜欢自己的俄罗斯相册和年幼时的朋友。我打算订购几套素体娃娃，作为治疗玩具。我可能会对她说："我想知道这些套娃是否可以用来探讨你这些年已有的和将来你想拥有的资源和支持。"她估计会热情地回应我，并立刻投入这个创意活动。当然，她也可能会翻白眼说："我有四套这样的娃娃，我觉得够了。"我们提出的任何建议仅仅是一种提议。如果她不感兴趣，我们就再找找更适合的就是了。

安全计划

安全标志（Signs of Safety）（Turnell & Edwards，1999）取向的儿童保护个案工作关注这样的问题——"在怀疑或证实虐待儿童的情况下，工作者如何与孩子及其父母建立合作关系，并严谨地处理虐待事件？"他们的评估和规划工具着眼于风险、现有的优势、现在及未来的安全状况。以下三个问题可以有效地评估儿童保护个案：

1. 我们在担心什么？
2. 什么是有效的？
3. 需要发生点什么？

每名团队成员都要回答这三个问题。这为个案工作者、治疗师、律师、学校教职人员、照顾者、父母、养父母以及系统中的每个人都提供了交流平台。父母在如此艰难的情况下参与儿童保护服务，我们不仅应该尊重他们作为父母的处境，而且应该考虑到他们也做过一些正确的事情。基于过去的成功，无论多小的成功，都可以减少防御并促成合作。在论及自己的工作时，特奈尔（Turnell）和爱德华兹（Edwards）（1999），以及拉特纳（Ratner）、乔治（George）和艾夫森（Iveson）（2012，p. 171）都描述了挖掘隐藏的优势、过去的成功和理想的未来的重要性。"如果你明天早上醒来，变成了你和社会工作者期望中的父母，你一开始会留意到什么？"

"三间屋子"（Three Houses）（Turnell & Edwards, 1999）是一种治疗工具，让儿童和青少年画出或写出他们的"烦恼屋"（House of Worries）、"好事屋"（House of Good Things）和"梦想屋"（House of Dreams）里分别有些什么。我以一名独立的儿童治疗师和咨询团队中的一员的身份参与儿童保护工作，而不隶属于儿童保护机构。我发现这种合作方式有助于我在其他场域中建立合作关系，而"三间屋子"是让孩子们参与自身治疗的一个有效活动。

儿童保护工作者与家庭建立合作关系，不仅使调查过程更加准确和完整，而且为正在进行的家庭干预工作奠定了坚实的基础（Berg, 1994；Berg & Kelly 2000）。

合作报告

对于由法庭指定的成年当事人，当我需要代表他们撰写法庭报告时，我会尽可能坦诚地与他们合作。从我们第一次会面开始，我就会协助当事人了解我撰写月度报告的要求。我会询问他们，在他们理想或奇迹的法庭报告中会有什么。了解他们如何理解法庭的要求，对我来说是很重要的。有几次，我们甚至共同建构了一份奇迹报告，然后从当事人、律师、受害者、他们的孩子、法官和其他相关人士的角度来评估当前的分数。接下来我会问他们，有哪些已经发生的积极的事情让他们达到这个分数(或者阻止分数下滑),然后下一步该怎么做。每次随访我都会跟进目标的达成情况。

通常情况下,我为儿童和家庭撰写的法庭报告主要是虐待诉讼的治疗总结。透明度对这些报告来说很重要。我会询问当事人,他们有哪些重要的事情需要法官知情。写完报告后,我会与当事人分享,询问他们是否认同报告的内容。虽然对这份报告负责的人是我,但让当事人可以在报告中表达自己的意见也非常重要。归根到底,我写的都是他们的生活和经历。

我常写的另一类专业文件是罪案受害者赔偿项目的心理健康评估和治疗方案。我要填写的表格有八个非常具体的问题,有关刑事事件如何影响他们、治疗目标、症状和诊断标准。使用这类表格也可以建构出解决方案,但要补充主要的问题描述和治疗理由。完成表格是整个流程的一个重要部分,但也可以把它与制定协议和建构解决方案分开。两者之间的关联可能是,"当罪案的影响不再困扰你,你的生活将是怎样的?"我想起我与我的朋友兼同事珍妮特·本特(Janet Bent)的一次对话,她是一名焦点解决取向的护士。她会征求服务对象的同意,问一些"护理问题"以完成她的既定任务,她会这样问:"现在可以为你检查体征吗?"(个人通信,2011年11月)。一旦完成文书工作,我们就可以进行资源建构的工作。

获取资源

在了解家庭的初始过程中,挖掘他们生活中的其他支持来源是很重要的。卡伊(在第八章介绍过)从动物、其他人和她的信仰中获取力量。由于她频繁地搬家和面对惨痛的死亡,她的支持系统无法一直出现在她身边。但她相信他们的爱、支持、影响和祈祷会永远保护着她。

凯(在第八章也介绍过)用以下方式描述她的支持来源:

» 我哥哥很爱我。他比我大12岁,所以我不能和他住在一起了,但我爱他,我知道他也爱我,他永远不会伤害我。他喜欢读我写的故事。

» 我姐姐也爱我。她也搬走了,她比我大6岁。她真的很坚强,她说如果我叫她揍威尔的话,她会把他痛打一顿。我相信她会这么做,她会柔道。你知道柔道在日语中是指"温柔的方式"吗?说的就是她——坚强而温柔。

» 我的牧师教我滑雪。他真的很喜欢我们一家,我知道我可以告诉他任何事情。他告诉我他每天都会为他的会众祈祷,所以我知道上帝也在帮助我。

» 我有一个邻居叫康妮,她人很好。我可以告诉她一些我不会告诉妈妈的事情。她甚至让我帮她照顾她的小孩。

» 当然,我的妈妈是最好的,虽然我觉得她有时不理解我,但我觉得她爱我胜过世界上的任何人。

支持系统可能包括逝者、宠物、神灵、超级英雄、朋友、邻居、青年领袖和神职人员,以及重要的场所和活动。

非自愿或强制来谈的当事人

识别和建立优势、制定合作性目标,这对非自愿当事人来说至关重要。孩子几乎总是因为他人的要求而来接受治疗。家庭成员、老师、个案工作者、感化主任、法官和律师是可能要求儿童参加治疗的相关人士。在了解转介方期望的同时,也要了解当事人的期望,这样可以建立合作性关系(De Jong & Berg, 2013)。

» 我相信比起待在这,你今天还有很多事情想做,所以我们会努力让这次会谈变得有效。我知道你是被少年法庭转介过来的,你能帮助我多了解一些情况吗?

» 首先,我很高兴你今天过来,我知道你来这里会错过一场球赛。如果我们之后需要安排更多的会面,我将尽最大的努力配合你的时间。

» 你能告诉我你今天来这里是谁的主意吗?

» 你希望这次会谈有什么成果?

» 如果它们不再困扰你了,会有什么不同?

» 你认为当你回到课堂时,学校需要在你身上看到什么?

» 我有一些表格需要填写,我想听听你对这些问题的看法。

» 你想让法官知道些什么?

从始至终我们一直在探讨如何与孩子和父母合作。有时候我们还需要与其他人、团队和机构进行合作。我希望这一章能激发你有关合作的更多灵感,让你了解与他人友好共事的艺术。

【参考文献】

Berg, I. K. (1994). *Family based services: A solution-focused approach*. New York: Norton.

Berg, I. K. & Kelly, S. (2000). *Building solutions in child protective services*. New York: Norton.

De Jong, P. & Berg, I. K. (2013). *Interviewing for solutions*. 4th ed. Belmont, CA: Brooks Cole.

de Shazer, S. (1985). *Keys to solution in brief therapy*. New York: Norton.

de Shazer, S., Dolan, Y., Korman, H., Trepper, T., McCollum, E., & Berg, I. K. (2007). *More than miracles: The state of the art of solution-focused brief therapy*. New York: Routledge.

Kelly, M. S., Kim, J. S., & Franklin, C. (2008). *Solution focused brief therapy in schools: A 360 degree view of research and practice*. New York: Oxford University Press.

Nylund, D. & Corsiglia, V. (1994). Becoming solution-focused forced in brief therapy: Remembering something important we already knew. *Journal of Systemic Therapies*, 1:31, 5–12.

Ratner, H., George, E., & Iveson, C. (2012). *Solution focused brief therapy: 100 key points and techniques*. New York: Routledge.

Selekman, M. D. (2010). *Collaborative brief therapy with children*. New York: Guilford Press.

Turnell, A. & Edwards, S. (1999). *Signs of safety: A solution and safety oriented approach to child protection casework*. New York: Norton.

10. 家庭的希望
Hope for Families

你是如何得知我们的治疗已经完成了的?

从第一通电话和第一次会谈开始,我们就在探讨如何得知我们完成了治疗。当治疗接近尾声,房间里的每个人都会知道,因为我们从一开始就很清楚治疗"结束"时的情形。有时候,治疗只是"暂时"结束了,如果家庭将来有需要,我们欢迎他们再次致电。巩固成果是每次会谈必不可少的一个步骤,以强调成功和进步的事例。我们对当事人充满期望,因为我们相信他们拥有能力和专长,可以在自己的生活中建构解决之道。

焦点解决治疗以最终达成的目标为起点。在每次会谈中,我们都会评估会谈的什么会有帮助。在治疗过程中,目标会改变,生活也会发生变化,因此,在每次会面中都探讨当天的目标是非常重要的。在最后一章里,我将分享一个完整的案例,让大家了解一个个案可能会经历的辗转起伏。记录和转录治疗会谈会让人更谦卑。因为与实际的会谈相比,这会让我发现当事人更多的优势和资源。我很感谢许多家庭邀请我与他们同行,也很感谢那些允许我录音的家庭。在回放录音时,我难免会发现自己有不理想的表述,有时候偏离话题、说得太多,或者不理解对方。当你阅读我的会谈转录稿时,希望你可以构想自己在类似的情况下会如何回应。本书的转录稿包含案例汇编、虚构的场景,或者经过修改以避免披露当事人身份的资料。

案例:一个具有攻击性又体贴人的男孩的完整治疗过程

首次会面

贝克太太是约瑟夫的妈妈,她打电话来是因为她越来越担心儿子的攻击行为。她希望独自参加第一次会谈,这样她就可以给我提供一些背景信息。贝克太太单身,并独自抚养约瑟夫。她解释说,她在约瑟夫年幼时就和他爸爸离婚了,因为他对她施暴,而且他还使用毒品。在过去的六年里,他们和他没有任何联系,因为他因谋杀罪及多项强奸和绑架罪被定罪后,就被剥夺了抚养权。在他们接受治疗期间,他正在监狱服无期徒刑。贝克太太担心她10岁的儿子无法控制自己的冲动。她告诉我,儿子会破坏东西,还会攻击她和他们的小狗查利。贝克太太担心自己缺乏管教技能。她说约瑟夫不在乎她,也不遵守她的规定。她从小到大都受到虐待,因此不想用这种方式来管教自己的孩子。她还说他非常敏感、善良,也很爱她,他在日托所里是其他孩子的好帮手。

当被问及治疗前发生的改变时,贝克太太说自从她预约会谈之后,情况就有些许好转了。他们能睡着了,压力少些了,约瑟夫的行为也有轻微的改善。贝克太太认为情况有所好转是因为他们有了更多的相处时间。她原本上夜班,但现在因伤休假,并且在接受物理治疗。正是因为有了额外的时间,所以她觉得现在是开展治疗的好时机。自那次预约电话以后,他们更多地享受在一起的时光,她还描述了孩子为帮助自己康复所做的一些暖心事。

治疗师 所以他真的有充满同情心、体贴人和满怀爱意的一面。

妈妈 他非常敏感,所以他很容易多愁善感。但令我惊讶的是,我周围的人都会称赞他:"他是个很棒的孩子""他会做这个,会做那个"。我说:"你要不要来我家,看看他的另一面是什么样的?"

治疗师 好的。哇,所以他在学校和日托所里得到了各种各样的称赞?

妈妈 大部分情况是这样的。他,嗯,他告诉我,他在学校打了人,我不知道他们有没有打他,也不知道是谁先开始的,但那是我第一次知道他在学校里变得具有攻击性。通常是……他在学校被别人说他打小报告,说他很幼稚,嗯,我不知道。他们总是挑他的毛病,说他蠢,这让他很生气,或者让他觉得很烦。他不会在学校说什么,而是回到家,在家里爆发,他一直把这些藏在心里。

治疗师 所以他在学校里会约束自己,他感觉家里最舒服,他知道自己会永远被爱着,呼,就爆发出来了。好的……他懂得如何在公共场合表现得体,你知道这说明你管教得很好。他在公共场合不会失控。然后当他回到家,他在最舒适的地方向你发泄自己的情绪。我理解你会很难受,嗯,但是,这孩子,事实上他能在公共场合表现得体,这会让我觉得,"啊,太好了!啊,太棒了!"

事实上，他在大多数场合都表现良好且不具有攻击性，这是一个重要的例外，这让我充满希望。妈妈似乎很惊讶自己会因为他的良好行为而受到称赞。

妈　妈　但他不总是这样的！
治疗师　哦，我知道，但他没有因为攻击行为而被学校转介，也没有因为违反安全规定而被退学。你没说他有任何类似的情况，对吧？
妈　妈　是的，他非常，你知道，就遵守校规之类的事情而言，他一直受到这方面的表扬。
治疗师　所以你希望他在家里也能保持。
妈　妈　是的。（深深地叹息）

虽然他在公共场合的良好表现让我深受鼓舞，但了解他在家中保持良好行为的困难程度，对我来说也非常重要。贝克太太的叹息似乎传达了一种深深的宽慰，因为我不仅明白了这对她而言是一件艰难的事，而且理解了由于约瑟夫父亲的暴力犯罪史，帮助即将踏入青春期的儿子在家中变得和善且有礼貌，对她来说就像是一次巨大的冒险。

治疗师　是的。所以，你希望家里也出现同样的称赞……"你做得很好""谢谢你""你真好""我很欣赏你"。
妈　妈　是的，让他知道自己可以成为家里的帮手。我叫他做家务的时候，他觉得我很刻薄。但我并不刻薄。我的父母对我很糟。他们打我、笑话我，我保证我永远不会这样对他，但我不知道该怎么做。我还需要学习一些管教技能。

治疗师　哇,你真的 …… 你已经做出了一些非常具体和明确的决定。尽管你可能不知道该怎么去做这么多事情,但你已经有进展了。你决定了自己不想要的,这对孩子而言,是非常重要的。

妈　妈　(点头)

治疗师　这很重要。

妈　妈　我只知道我不希望他 …… 我不想像我妈妈那样,不然,当他长大成人,他会像我现在这样,有太多问题。我希望他试着去学习如何健康地生活,不要出现不良问题。

治疗师　你希望他长大成为一个健康的人。

这次会谈结束时,我称赞她有很高的积极性,并且她清楚地知道在亲子教育中什么是重要的,她也能够注意到,在某些场景和时间里,约瑟夫的行为已经符合了她所描述的理想的未来。我问她,我们的谈话是否符合她的预期。贝克太太说是的,她感觉到希望,她没有想过他在学校和日托所表现出的良好行为也许是一个好迹象,预示他在家里也能做到同样的事情。我问她是否觉得这个治疗适合她,以及她是否愿意和儿子一起预约来会谈。她回答:"哦,是的。"

一起见面的第一次会谈

治疗师　我们会先聊一会儿,这样我就可以了解你和关于你的重要事情,然后我们会选一个游戏来玩。跟我聊聊你的事吧。你知道你和妈妈为什么决定来这儿吗?为什么妈妈——我猜是你妈妈做的决定,对吧?

我对自己话太多的反思

2004年我参加了焦点解决短期治疗协会(SFBTA)的闭幕会,与会者包括史蒂夫·德·沙泽尔、茵素·金·伯格、伊冯娜·伯兰和埃里克·麦科洛姆(Eric McCollum)。这是我第一次参加焦点解决会议,和SFBT的名人见面让我有点晕眩。专家团队正在回答观众提出的问题。我问及一位当事人的情况,试图让自己看起来像个技巧娴熟的临床治疗师。我不停地描述自己尝试过的所有事情,我工作有多努力等。史蒂夫·德·沙泽尔打断了我的话,他说:"你说得太多了,这会加剧问题。把自己开除了吧。"

哇,好严厉。

但我立刻就知道他是对的。

我说:"你说得对。"我知道他说的是对的。我不需要成为专家,当事人才是专家。

这场会议对我来说是个转折点。史蒂夫在会议的第二年去世了。我非常感谢他给予我这个明智的建议。我会一直铭记于心。

让我们仔细分析这个开场问题。第一句话是可以的,因为它设定了议程。不过从这里开始就急转直下了。如果我说完第二句就停下来,让他们回答,那就还不错。说得太多,会让人不知道该从哪里开始回答。人们通常会回答最后一个问题,最后的问句是关于"为什么"的问题,而这是一种"问题式谈话"(problem talk)的邀请。

约瑟夫 为了让我在生气的时候不再乱摔东西。

治疗师 哦,好的。

妈　妈 还有什么?

约瑟夫 (大喊)妈妈,你只告诉了我这个!

治疗师 所以你妈妈希望你在生气或难过时做点别的事情,而不要乱摔东西。

约瑟夫 是的,因为我会把气撒在查利身上,或者摔门。上次我用脚后跟踢门,现在这里还有一个大伤疤,我把它遮住了。

治疗师 哦。

约瑟夫 我已经摔过两次门了。一次是碗柜门,像橱柜那样的,就在家门口旁边。另一次是家里的大门。

妈　妈 他拿了一根球棒砸门。

约瑟夫 哦,是的。是的,是用球棒砸的门。但一开始我用的是脚后跟,然后才去拿的球棒。

治疗师 好的。所以这是你来这里的目的之一,你希望能有所改变,有一些不同的想法。

这一表述有助于将话题转向未来和他们想做的事情。

妈　妈 (点头)我的意思是,我们尝试过,但我们之间的交流,比如,如果他经历了糟糕的一天或一些事情,我会问他:"嗯?发生什么了?""我不想谈这个。"然后,对话就结束了。

约瑟夫 因为我不想谈这个。

治疗师 哦,好的。

约瑟夫 (大喊)当我想说的时候我自然会说。

妈　妈 有时候是在晚上11点,那时我们应该要准备睡觉了,所以……

治疗师 然后,叮!你准备好谈这件事了!

妈　妈　是的。

治疗师　那么这对你们来说都是好时机。所以,这就是你妈妈希望你们一起来的原因。你认为什么会对你有帮助?你希望有什么不同或者改变呢?

约瑟夫　嗯,妈妈在考虑要如何对付我的朋友,但不,我不想这样。

妈　妈　是的,对付那些找他麻烦、欺负他的孩子。

治疗师　好的,这是你的另一个想法。所以对付朋友是妈妈的主意。

约瑟夫　事实上,我来这里只是想,我不知道。我想,也许是谈谈我的狗,或者谈谈我能怎么帮助它。

治疗师　哦,好的。

约瑟夫　因为我并没有做很多能帮上它的事情,我只是给它喂食,有时候给它喂水之类的。

妈　妈　他想让查利喜欢他,但他吓着它了。它不会找他玩,因为他会拿棍子戏弄它。

约瑟夫　打它。

妈　妈　或用他的剑,或者其他类似的东西。

约瑟夫　妈妈,我没有再对它用剑了。

妈　妈　嗯,是棍子,所以它要么觉得害怕然后远离他,要么就开始变得有攻击性。

治疗师　我明白了。所以你不想伤害查利,你希望自己能帮助它。

约瑟夫　我只希望它没事。

治疗师　好的,很好。(对妈妈说)你也一起来完成这件事可以吗?

妈　妈　嗯。(点头)

治疗师　和他一起?我该怎么写呢?

使用他的原话很重要。成人记录下孩子所说的话,我认为这表明了孩子所说的是非常重要的信息。

约瑟夫　帮助查利。

治疗师　好的。

约瑟夫　他的绰号是查查。（大笑）

治疗师　查查。好的。

约瑟夫　大家叫我 DJ，因为我是"大胆的约瑟夫"（Daring Joseph），或者可能是"愚蠢的约瑟夫"（Dumb Joseph）。

妈　妈　可能是 PJ。

约瑟夫　（脱下鞋子，假装要打妈妈）

妈　妈　嘿！（吓了一跳，躲开了）

约瑟夫　什么？我只是轻轻拍一下。彼得是我真正的名字，但我不喜欢这个名字！

妈　妈　嗯，等你长大以后，你就可以自己改名字了。

约瑟夫　我不想这样，妈妈。

我没有继续谈论他的威胁行为或他自嘲"愚蠢的约瑟夫"，但我把这些信息收集起来，因为我知道它们可以在稍后构建解决之道时派上用场。到目前为止，我还是聚焦于共同构建我们的目标。

治疗师　那你觉得来这里对你还有什么帮助呢，在你看来的话？

约瑟夫　我知道妈妈的一个想法是帮助她收拾东西。

妈　妈　学会承担责任？

约瑟夫　妈妈！

治疗师　解释一下你的意思。

约瑟夫　嗯，我的房间很乱，我总是把东西都堆在外面。但这不是我的想法，这是妈妈的。

治疗师 哦，这是妈妈的想法。

约瑟夫 是的，但我的确也有一个想法。

治疗师 是什么呢？

约瑟夫 嗯，我的一个想法是，其实我想结识更多的朋友。

妈　妈 现在的那些更像只是认识的人，而不是朋友。他总是想和每个人都合得来。比如，希望被每个人接受，而没有意识到其实并不是每个人最后都会成为他的朋友。

治疗师 所以你想结识更多的朋友？

约瑟夫 （点头）

治疗师 好的。很好。那么，你们都说了一些关于朋友的事，也都说了一些关于变得更友善的事。所以，对查利友好一点，对门友好一点。所以，对物品和动物都友好一点，可以从这些开始吗？

约瑟夫 我其实非常喜欢动物。等我长大以后，我想成为一名兽医或救援人员。

治疗师 哦，这是很重要的工作。

约瑟夫 对，因为如果我成为一名动物救援人员或之类的，我不知道怎么称呼他们，我会去中国救助大熊猫，因为熊猫是我最喜欢的动物之一。

治疗师 嗯。

约瑟夫 但狗是我最最最喜欢的。

治疗师 真的吗？那很酷。

约瑟夫 我基本能和所有的动物相处。我唯一不喜欢的动物是蛇。

治疗师 那么你需要具备哪些技能呢？我们不如走到桌子那边，找一款游戏，我们玩游戏的时候，你可以提出一些想法，关于你要会些什么才能善待动物。

约瑟夫　我很聪明。

治疗师　所以,你已经想到了一个了？太棒了。嗯,我们来选一款游戏吧。

　　我们玩了叠叠乐——一款堆积木的合作游戏,我让他们每个回合都说一些与自己有关的事情。关于他喜欢的动物、他们宠物的特性、他们一起玩的电子游戏,以及学校和朋友的细节,我有了更多的了解。轮到我的时候,我就告诉他们我的宠物和爱好。还有好多次,我都是在称赞约瑟夫和他的妈妈。"我不知道怎么玩电子游戏,你看起来像个专家。我可以看出你们在一起玩得很开心。你们喜欢在一起,你们还会一起大笑。你注意到一些好事,比如在游戏过程中称赞对方玩得好。你很会和人轮流玩游戏。"

　　当积木倒掉时,我们都笑了。我让他们每人将10块积木排成一排,我想让他们根据想要的未来来评量当前的分数。约瑟夫有别的主意,幸好我听从了他的意见,他的意见比我的要好得多。

约瑟夫　等一下。噔噔噔！

治疗师　哇！看看这个！这很酷。

约瑟夫　我喜欢搭建东西。

治疗师　好的,你可以保留它们的形状。这是一个很酷的形状。好的,如果拿掉底部的两块积木,会发生什么呢？

约瑟夫　咔嚓！

治疗师　咔嚓！好的。那底部有几块积木呢？

约瑟夫　等一下。（他小心翼翼地从木塔的底部抽出一块积木放在顶部）

治疗师 好的,你看看!你非常小心地在做出改变。哇!你看看!好的,下面有三块积木,它们是整个结构中最强壮、最重要的部分。它们看起来就像一个人。如果让你想出自己身上最强大、最重要的三样东西,会是哪三样呢?

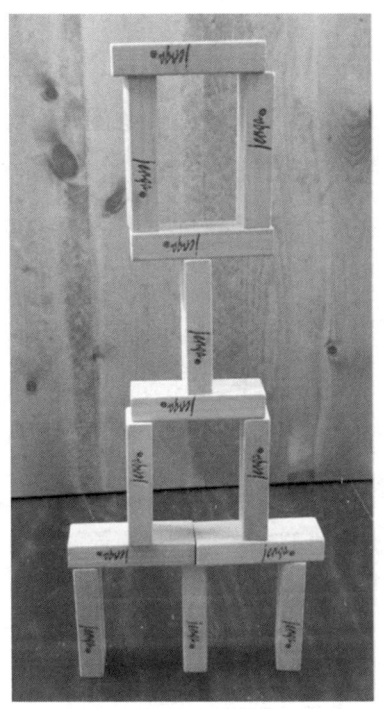

图 10.1 一起堆积木

这是一个有关善用的好例子,使会谈中发生的事情有助于未来。我指出了一个期望的未来中会发生,但现在已经出现的例子(小心、温柔的行为),并让他为木塔中的积木赋予个人化意义。

约瑟夫 我很聪明,很有天赋,而且我喜欢搭建东西。

治疗师 第三样是什么?

约瑟夫 喜欢搭建东西。

治疗师　所以,坚强,聪明,喜欢搭建东西,对吧?
妈　妈　坚强,呃,我是说聪明,有天赋,喜欢搭建东西。
约瑟夫　我真的很有天赋。
治疗师　中间那个是有天赋?哦,对不起。坚强,有天赋,喜欢搭建东西。
约瑟夫　不,是聪明,有天赋。
治疗师　聪明。我一直要让你变得坚强。(笑声)嗯,你也很坚强。聪明,有天赋,喜欢搭建东西。
约瑟夫　(点头)

我戴着助听器,所以我常常听不清楚别人在说什么。我将这视为治疗中的一个优势,让别人重复他们的话,说明我真的很想理解他们所说的话,并请求他们的帮助。这种情况可以阻止我说出自己所想的。

治疗师　那么,有了这三个优势,你可以怎么样?
约瑟夫　我可以,嗯,这里(指着木塔的中线),我可以继续往高处搭建。
治疗师　好的。
约瑟夫　这两个是动物,我喜欢照顾动物,除了蛇。我真的不喜欢蛇。而且,我总是试着交朋友。
治疗师　好的(点头),因为你聪明,有天赋,喜欢搭建东西,所以能够照顾动物、交朋友。
约瑟夫　是的,但还要在这三块积木上面再搭一排,才能搭得更高。
治疗师　你说得对。一旦它们各就各位,对你有什么帮助?
约瑟夫　这让我又有了一排积木,嗯,爱。(咯咯地笑)我爱我的妈妈,我爱查利,我爱我的猫,我爱我的鸟。
治疗师　是的!

约瑟夫　所有的这些都可以搭到这一排,再往上可以搭好木塔的主干。
治疗师　哇。
约瑟夫　我再找你借两块积木,可以吗?
治疗师　当然可以。

剩下的时间我们都在讨论朋友、动物以及他们之间的关系。以下是每个对话的片段。

妈　妈　(指查利)整件事就是它在哪里,你知道,有时候他会去惹它,这让它很害怕,所以它不会去他那儿。比如,如果他手里拿着棍子,它就不会接近他。
治疗师　哦。为什么你觉得查利看到你这样会害怕?
约瑟夫　嗯,因为它以为我要打它。所以有时候我会说"查利,没事的",然后它就会过来。
治疗师　哇,你还可以做些什么让查利知道"没事的",你不会吓它或伤害它?
约瑟夫　我早就知道我回家以后要做什么了。
治疗师　要做什么呢?
约瑟夫　我回家要经常说"嗨,查利",而且要经常抱它。
治疗师　说"嗨"和抱它,这是很好的方法。还有什么呢?

我经常让父母充当他们孩子的记录员,以便记下他们的好主意。通过这种方式,他们参与其中,还可以把清单带回家。这也让孩子可以掌握自己的解决方案。我可能会说:"当他提出好主意时,你可以把它们写下来吗?这样他就会有一个好主意清单。如果你有一些作为妈妈的想法,我们会让他来决定是否把它们加到他的清单上。"孩子通常喜欢这种控制感。下面的对话探索了关于关系的想法。

治疗师 我们刚刚聊天的时候,你脱鞋假装要打妈妈,你还记得吗?
约瑟夫 记得,但我没有真的打算打她。
治疗师 他的鞋离你很近,你躲开了。当约瑟夫这么做的时候,你是怎么想的?
妈　妈 我吓了一跳。我感受到威胁。

他把查利和妈妈联系起来,当他近距离向查利挥动棍子时,查利会感到害怕;当他作势要把鞋子扔向妈妈的脸时,妈妈也会感到害怕。我们继续讨论他可以如何向妈妈提出反对意见,并以好的方式来获得她的关注。我称赞他在妈妈休假和接受物理治疗时帮助了她,我想知道她是否喜欢并希望他继续这样做。她说是的。接着我们探讨了他们可以如何像在游戏中那样合作无间。

在探索关于友谊的想法时,他正在搭建的木塔倒了,我把它用在了对话中。

约瑟夫 倒啦!(积木倒下)没关系。
治疗师 当不幸的事情发生,比如你和朋友的关系"倒"了,你会怎么处理?你会像你说"倒啦"(指着积木)那样,微笑着说"没关系"吗?

对于如何处理与朋友之间发生的令人失望的事情,约瑟夫有几个想法。这个问题很抽象,但他能够理解,这让我们的对话进入了一个全新的层面,即朋友间可能出现的互动。最后,他把自己的想法整理为三个清单并带回家。我问他们,我们的谈话是否符合他们的预期,以及他们是否喜欢我们在一起的时光。我总是问我们是否应该安排下次会谈,然后他们决定我们是否需要再次安排会谈。

治疗师　那么,在接下来的两周直到你的生日,以及你生日后的几天,你们可以去关注,甚至可以列一个清单,把你们注意到的友善……

约瑟夫　温柔。

治疗师　温柔,是的,我也在想这个词。温柔和友善地对待人和动物。因为你非常喜欢动物,你肯定会做一些友善和温柔的事情,而这些事情是你今天没想到的。

治疗师　那么你会注意到自己对人和动物所做的那些友好、温柔和善良的事情吗?

约瑟夫　当然。

治疗师　好的。这太棒了。

约瑟夫　妈妈,我的清单在哪里?

治疗师　哦,在那边的桌子上。你想去拿吗?也帮你妈妈拿一下钱包和其他东西好吗?

约瑟夫　我经常这么做。我常常帮妈妈拿钱包。

治疗师　这就是一件很友善而且很有帮助的事!

第二次会谈 —— 两周后

在初次会面以后的每次会谈,我都会问类似的问题 —— "自从我们上次会谈以后,有什么事情好转了,哪怕只是好转了一点点?",从而引发关于积极改变的对话。茵素·金·伯格发展出了一个焦点解决访谈工具 EARS,EARS 是下列一系列步骤的缩写。

引发(elicit)—— 询问正向的改变。

扩大(amplify)——询问关于正向改变的细节。

强化(reinforce)——确保当事人留意并重视正向的改变。

再次开始(start again)——回到起点,聚焦于当事人启动的改变。

(Berg,1994,pp. 150-152)

治疗师 （引发）什么事情好转了,哪怕只是一点点?

妈　妈 他对查利更友善了。

治疗师 （扩大）真的吗?何以见得?

妈　妈 嗯,我再也没有看到他拿着棍子或剑追它。

治疗师 （强化）好的,这很好。（扩大）那你做了些什么?

约瑟夫 我有时候会抱它、喂它吃东西,有一次它直接向我飞奔而来。

治疗师 （强化）哇,让我把这写下来。拥抱、喂食,然后它直接向你飞奔过来。哇。

治疗师 （扩大）它怎么会主动来找你?

约瑟夫 （耸肩）

治疗师 （扩大）我是说,如果查利在这里,而且它能告诉我们它为什么决定主动找你,它会说什么?

妈　妈 我想它会说它觉得很安全。

约瑟夫 它喜欢我喂它。

治疗师 （扩大）当它感到安全并开始进食时,你认为这让它有什么不同?

妈　妈 也许它会相信你?你可以和它建立信任。

治疗师 （扩大）的确是这样。你觉得呢,约瑟夫?

约瑟夫 也许它会更喜欢我。

治疗师 （强化）哦,太棒了。它会更喜欢你。（重新开始）在过去的两周里你还注意到什么?

我们用胶带做了一个梯子来评量约瑟夫与动物的关系、与朋友的关系以及与妈妈的关系。他们用了很多不同颜色的笔来写，并制作了一个"颜色钥匙"来识别每种颜色的含义。约瑟夫认为自己在6分，妈妈认为他在4分。他说："妈妈，我比这个分数高！"我让他们在胶带上写出所有能让他在妈妈心目中得到4分，以及在他自己心目中得到6分的事情。他们将各自的想法写在胶带梯子的不同侧并对对方保密。然后我们玩了一个猜谜游戏，看看他们提到了多少和对方一致的好事情。这是一个鼓励独立思考、倾听以及为彼此提供重要信息的好方法。我让约瑟夫预测自己在接下来的两个星期里会做些什么，并把它们在胶带上标注出来。

第三次会谈 —— 两周后

我询问："有什么事情好转了，即使只有一点点？我们今天需要讨论什么重要的事情？"约瑟夫对自己必须要来参加会谈感到非常生气，因为这意味着他将无法准时出席童子军活动，这对他来说非常重要。在沮丧之际，他用钢笔刺破了汽车座椅。为了让他挣钱来维修座椅，他们发生了争吵。妈妈说她不希望他"情绪爆满"，他可以表达出来，但不可以破坏东西。我说，错过这么重要的事情确实会令人非常生气。我想知道他有什么办法可以在表达愤怒的同时，反应又不会过度。他们探讨了过去的有效方法，并提出一些新的办法。我了解到童子军对他的重要性，也明白童子军是他们重要的支持来源。我好奇地问他已经获得了哪些勋章，并赞叹他是一名非常努力的童子军。我们提前结束了会谈。我称赞他很诚实，让我知道错过童子军会让他很难过，我也表扬他提出了管理强烈感受的新旧方法。我称赞妈妈在汽车座椅受损时坚定且合理的反应，也肯定了她在接纳约瑟夫不同情绪的同时又对其行为设限的明智回应。

第四次会谈 —— 两周后

当我问起改变时,他们都说情况更糟糕了,原因是妈妈开始回去上班了。她在一家工厂上夜班,因为工资会更高,她需要这笔钱。在受伤之前,她一直在上夜班,所以我认为他们已经找到了应对这一挑战的方法。贝克太太熟练地为约瑟夫安排好一切。在她工作的晚上,约瑟夫睡在童子军团长的家里,并和他的朋友一起上学。放学后,他会参加学校的作业辅导班,等妈妈来接他,他们会一起吃晚饭。但上周,在她送他到童子军团长家之前,他们几乎每晚都吵架。"几乎"这个词为我提供了线索,我问起问题没有发生时的例外情况。我问在没有发生争执的晚上他们做了什么,他们说在玩游戏。我肯定了他们所做的许多事情,包括:

» 他们让这一巨大改变日常化。

» 妈妈在照顾儿子方面有很多有创意的想法。

» 母子之间约定一个晚上玩游戏,真是太棒了。

第五到第十次会谈,每隔一个月一次

贝克太太和约瑟夫说他们喜欢来这里玩和接受治疗,这让他们的生活可以保持在正轨上。他们知道自己在每次会谈想要做的事情,或者讲述所遇到的困难,这时我们就探讨他们是如何克服困难的。游戏活动包括:拼接火车轨道并谈论他们生活中有哪些事情已经步入正轨、堆积木、拼乐高、扔飞镖、预演理想的未来,以及一起玩桌游。回合制游戏采用轮流对话的形式(在每个回合告诉我一些事情)。在此期间,他们成功清单上的内容更丰富了。约瑟夫在童子军活动中依旧表

现出色，他在学校、课外社团和童子军团长的家中都表现得十分有礼貌。他们在会谈时和在家里都发生过争执，这让约瑟夫有机会练习以尊重妈妈的方式来表达不同意见，也让他表达对妈妈的不满。在他看来，妈妈那"愚蠢的工作"导致他们没有待在一起的时间。家务事也一直是烦恼的来源。我们用了一整节会谈来建构家务事的解决方案。约瑟夫挑选了三件自己不太讨厌的家务，妈妈挑选了三件对她特别有帮助的家务。他们把这些任务分别写在纸条上，并放进罐子里，约瑟夫每天抽取一件家务。除了各种各样的日常琐事，妈妈说他每天都要自己做午饭，每周要为查利铲除一次粪便。他们喜欢这个"罐子活动"，所以我们在下一次会谈时制作了一个"奖励罐子"。每人想出十件他们喜欢和对方一起做的事，每件事耗时不超过三十分钟。妈妈把她的想法写在绿纸条上，约瑟夫把他的想法写在蓝纸条上。所有的这些关系式活动都被放进罐子里，每天晚上做完作业和家务以后，他们从中抽取一个活动（交替抽取两种不同颜色的纸条）。我称赞他们的关系非常好，也祝贺妈妈清楚在她管教的过程中什么是最重要的。她还进行了一次单独的会谈，我们探讨了她有哪些有效的管教方法，以及她想学习什么感兴趣的管教技巧。

第十一次会谈——一个月后，最后一次会谈
对成功的采访

贝克太太说，这次会谈结束之后，他们想自己尝试一段时间。我称赞她明白什么对他们来说是最好的。我询问他们接下来几个月的计划，我们一起回顾了我们的会谈记录，读了读我写下的所有赞美之词，并探讨了他们富有创造性的解决方案。我给他们每人一个麦克风，采访他们认为治疗中什么对他们来说是有帮助的。我提出一些个人和关系问句："我们演播室里有一些观众希望能善待动物，他们想知

道自己该怎么做。我知道你是这方面的专家,你有什么建议?你有哪些引以为傲的成功例子?你克服过的最大挑战是什么?你是怎么做到的?你在什么时候、什么地方学到的?你的妈妈/儿子有什么值得你骄傲的地方?在你的生活中,谁知道你做得很好?这些改变有什么影响?你在童子军活动中学到了哪些对你生活有帮助的事情?"我还让约瑟夫从查利的角度来谈谈它家里的人类正在发生什么好的变化。

结束治疗

对约瑟夫和他的妈妈来说,以专家采访来结束会谈是一种有趣的、赞美他们的方式。称赞他们的成果、应对能力、发现力和创造力,这些对每次会谈都很重要。当我询问家庭是否愿意再次预约治疗,他们回答"不"时,这就意味着这是最后一次会谈。有时候家庭只是暂时结束治疗,如果他们决定再来的话,我们欢迎他们再次致电。一切成功都归功于当事人。治疗师应该保持距离,甚至消失在当事人的生活中(Ratner et al., 2012)。从第一通电话开始,当事人就被视为自己生活和解决方案的专家。当我们结束治疗时,我发现许多活动都有助于强化当事人的专家地位。

拼贴画、油画或素描

从杂志上剪下图片,或者以油画或素描的形式呈现一幅成功的壁画。每位家庭成员都可以贡献自己的想法。我们也可以探寻其他人的观点,比如:"你的宠物会感谢你什么?""你的老师会说什么?"

戏剧表演

借助木偶来讲述成功的故事,用舞蹈表达解决方案,扮演最成功的一天，或者通过未来游戏预演下一项成就，这些想法都是孩子教我的。活动本身没有价值，除非它对孩子有意义。在所有的治疗步骤中，我们始终跟进当事人认为有用的方法。

来到本书的尾声，我希望你在开展治疗时不要完全照搬我的做法，而是用这些想法来激发你的创造力。我喜欢焦点解决游戏治疗富有趣味性的一面。然而，治疗不是一场游戏。游戏应该始终依循当事人的需求和愿望，并最终服务于其想要的未来。最后，如果我们可以提升洞察力和跟进的技巧，并将游戏作为沟通工具，我们将成为更好的治疗师。临别之际，希望这些与我共事的家庭所创造的想法能启发你。我希望他们让你对自己当事人的能力有更深入的了解。最后的最后，感谢你投身于儿童和家庭工作，祝愿你在你非凡的工作中一切顺利。

【参考文献】

Berg, I. K. (1994). *Family based services: A solution-focused approach*. New York: Norton.

Ratner, H., George, E., & Iveson, C. (2012). *Solution focused brief therapy: 100 key points and techniques*. New York: Routledge.

译后记

在翻译《发现儿童优势：焦点解决游戏治疗》这本书的过程中，我踏上了一段充满启发的心灵旅程。这不仅仅是文字的转换，更是与作者帕梅拉·K.金进行深入心灵的对话。她的文字洋溢着对儿童潜能的细腻洞察与无尽的爱和承诺，每一章节、每一字句，都仿佛低声细语，提醒我们每个孩子都是独一无二的宝藏。这份体验让整个翻译过程不再只是工作，而是一种充满期待和发现的享受。

我必须诚挚感谢我的翻译伙伴庄婕和黄嘉璐。我们不仅在合作中收获了欢笑，还在字里行间找到了共鸣，在挑战中共同成长。同时，我也要向黄前川表达谢意，她参与的校对工作精细且专业，极大地提升了译文的质量。此外，《焦点解决短期治疗精选译丛》的出版是一项艰巨而卓越的工程，这离不开宁波出版社在焦点解决领域长期的坚持以及两位优秀编辑陈静与刘思雨背后的默默付出。正是大家共同的全心投入，让这套丛书的每一个字都闪烁着精致的光芒。

时间如白驹过隙，转眼间我已在焦点解决短期治疗领域工作超过二十年。这一路走来，离不开许维素教授的引领。她不仅是我专业领域的导师，更是我生命中的灯塔。她的人格魅力、对焦点解决的全心投入，以及对每一位求助者的真挚关怀，始终激励着我前行。她身体力行地示范了如何在当事人身上发现潜能，点亮当事人的梦想。同时，我也对朱松林和吕静淑充满感激之情。他们是上海焦点解决团队的核心成员，与他们并肩作战，共同推动焦点解决疗法的发展和推广，是一种莫大的荣耀。他们的智慧和激情让我们能够一起面对挑战，分享成功，并继续在这条充满希望的道路上谦卑前进。

  翻译这本书是一次心灵的洗礼，它让我与杰出的同行产生了共鸣，更加深了我对自己专业领域的热爱和敬畏。感谢所有参与这个项目的朋友们，是你们的用心付出，让这本书能够触及更多助人工作者的心灵，帮助更多的孩子与家长从中受益。

  翻译工作中难免会有疏漏和错误，对于这些可能的不足，我愿意承担全部责任。如果读者在阅读过程中发现任何问题，敬请不吝赐教（邮箱：shenli@njust.edu.cn）。我期待你们的反馈，它将是我不断前进的动力。

沈　黎
2024 年 10 月

图书在版编目（CIP）数据

发现儿童优势：焦点解决游戏治疗 /（美）帕梅拉·K.金 (Pamela K.King) 著；沈黎，庄婕，黄嘉璐译. — 宁波：宁波出版社，2024.11（2025.4重印）. — ISBN 978-7-5526-5463-9

Ⅰ. B844.1；R749.055

中国国家版本馆 CIP 数据核字第 2024ZF1003 号

Tools for Effective Therapy with Children and Families 1st Edition / by Pamela K. King / 9781138126176
©2017 Pamela K. King
Authorized translation from English language edition published by Routledge, an imprint of Taylor & Francis Group LLC. 本书原版由 Taylor & Francis LLC. 出版集团旗下 Routledge 出版公司出版，并经其授权翻译出版。版权所有，侵权必究。
Ningbo Publishing House is authorized to publish and distribute exclusively the Chinese (Simplified Characters) language edition. This edition is authorized for sale throughout Mainland of China. No part of the publication may be reproduced or distributed by any means or stored in a database or re-trieval system without the prior written permission of the publisher. 本书中文简体翻译版授权由宁波出版社独家出版，限在中国大陆地区销售。未经出版者书面许可，不得以任何方式复制或发行本书的任何部分。
Copies of this book sold without a Taylor & Francis sticker on the cover are unauthorized and illegal. 本书封面贴有 Taylor & Francis 公司防伪标签，无标签者不得销售。

版权合同登记号：图字：11-2024-132 号

发现儿童优势：焦点解决游戏治疗

[美] 帕梅拉·K.金 著
沈 黎 庄 婕 黄嘉璐 译

出版发行	宁波出版社（宁波市甬江大道1号宁波书城8号楼6楼　315040）
策划编辑	陈　静
责任编辑	刘思雨　陈　静
责任校对	邵晶晶
装帧设计	郑力珲
印　　刷	宁波白云印刷有限公司
开　　本	710mm×1000mm　1/16
印　　张	13.25
字　　数	160千
版次印次	2024年11月第1版　2025年4月第2次印刷
标准书号	ISBN 978-7-5526-5463-9
定　　价	65.00元

如有缺页等装帧问题，请与出版社或印厂联系调换。
电话：0574-87248279（出版社）
　　　0574-87328764（印刷厂）

更多焦点解决图书

《对话的力量:焦点解决取向在青少年辅导中的应用》
[美]杰拉尔德·B.斯克拉尔　著

《焦点解决短期治疗精选译丛》第一册!本书就如何将焦点解决短期治疗运用于青少年工作提供了具体的步骤说明,能让相关的咨询专业人员快速运用于青少年实务工作中。

《焦点解决短期治疗培训手册》
[英]阿拉斯代尔·J.麦克唐纳　著

本书介绍了焦点解决短期治疗的要点和发展历史,同时提供了109个练习活动,供焦点解决短期治疗培训带领者自我学习、自我督导,并在实务工作中将相关关键技术灵活"用出来"。

《尊重与希望:焦点解决短期治疗》
许维素　著

焦点解决短期治疗亚洲地区代表人物之一许维素教授力作!融实操于焦点解决短期治疗的重要理论架构,是焦点解决短期治疗入门的必备手册。

《焦点解决治疗:理论、研究与实践(第二版)》　[英]阿拉斯代尔·詹姆斯·麦克唐纳　著
《建构解决之道:焦点解决短期治疗》　许维素　著
《高效教师:焦点解决取向在学校教育中的应用》　[美]琳达·梅特卡夫　著

关注宁波出版社微信公众号
获取更多图书资讯

进入宁波出版社微店
购买更多焦点解决好书